落实"中央城市工作会议"系列

装配式建筑丛书
丛书　主　编　顾勇新
　　　副主编　胡映东
　　　　　　　张静晓

装配式建筑制造

Prefabricated Building Manufacture

顾勇新　徐镭　编著

U0172883

中国建筑工业出版社

顾勇新

中国建筑学会监事（原副秘书长）；中国建筑学会建筑产业现代化发展委员会副主任、中国建筑学会数字建造学术委员会副主任、中国建筑学会工业化建筑学术委员会常务理事；教授级高级工程师，西南交通大学兼职教授。

具有三十年工程建设行业管理、工程实践及科研经历，主创项目曾荣获北京市科技进步奖。担任全国建筑业新技术应用示范工程、国家级工法及行业重大课题的评审工作。

近十年主要从事绿色建筑、数字建造、建筑工业化的理论研究和实践探索，著有《匠意创作——当代中国建筑师访谈录》《思辨轨迹——当代中国建筑师访谈录》《建筑业可持续发展思考》《清水混凝土工程施工技术与工艺》《住宅精品工程实施指南》《建筑精品工程策划与实施》《建筑设备安装工程创优策划与实施》等著作。

徐镭

经济管理博士，东华大学工商管理学院副教授。曾就职于欧洲大型建材集团，并任驻华首席代表十五年。

具有企业投资布局策划与实施的实践经验，重点从事涉及企业战略制定的市场调研、数据分析以及战略的规划与制定，尤其注重协调、平衡产品组合、生产工艺匹配等涉及生产方面的策划，以及企业发展和布局的协调性和可实施性。

长期从事产业协同方面的实证研究，侧重互联网和信息技术条件下的产业协同与跨地域生产，同时关注产业协同背景下的知识产权问题与轻资产管理。

总序

顾勇新

党的十九大提出了以创新、协调、绿色、开放、共享为核心的新时代发展理念，这也为建筑业指明了未来全新的发展方向。2016年9月，国务院办公厅在《关于大力发展装配式建筑的指导意见》（国办发〔2016〕71号）中要求："坚持标准化设计、工业化生产、装配化施工、一体化装修、信息化管理、智能化应用，提高技术水平和工程质量，促进建筑产业转型升级"。秉承绿色化、工业化、信息化、标准化的先进理念，促进建筑行业产业转型，实现高质量发展。

今天的建筑业已经站上了全新的起点。启程在即，我们必须认真思考两个重要的问题：第一，如何保证建筑业高质量的发展；第二，应用什么作为抓手来促进传统建筑业的转型与升级。

通过坚定不移走建筑工业化道路，相信能使我们找到想要的答案。

装配式建筑在中国出现已60余年，先后经历了兴起、停滞、重新认识和再次提升四个发展阶段，虽然提法几经转变，发展曲折起伏，但也证明了它将是历史发展的必然。早在1962年，梁思成先生就在人民日报撰文呼吁："在将来大规模建设中尽可能早日实现建筑工业化……我们的建筑工作不要再'拖泥带水'了。"时至今日，随着国家对装配式建筑在政策、市场和标准化等方面的大力扶持，装配式技术迈向了高速发展的春天，同时也迎来了新的挑战。

装配式建筑对国家发展的战略价值不亚于高铁，在"一带一路"规划的实施中也具有积极的引领作用。认真研究装配式建筑的战略机遇、分析现存的问题、思考加快工业化发展的对策，对装配式技术的良性发展具有重要的现实意义和长远的战略意义。

装配式建筑是实现建筑工业化的重要途径，然而，目前全方位展示我国装配式建筑成果、系统总结技术和管理经验的专著仍不够系统。为弥补缺憾，本丛书从建筑设计、实际案例、EPC总包、构件制造、建筑施工、装配式内装等全方位、全过程、全产业链，系统论述了中国装配建筑产业的现状与未来。

建筑工业化发展不仅强调高效，更要追求创新，目的在于提高品质。"集成"是这一轮建筑工业化的核心。工业化建筑的起点是工业化设计理念和集成一体化设计思维，以信息化、标准化、工业化、部品化（四化）生产和减少现场作业、减少现场湿作业、减少人工工作量、减少建筑垃圾（四减）为主，"让工厂的归工厂，工地的归工地"。可喜的是，在我们调研、考察的过程中，已经看到业内人士的相关探索与实践。要推进装配式建筑全产业链建设，需要全方位审视建筑设计、生产制作、运输配送、施工安装、验收运营等每个环节。走装配式建筑道路是为了提高效率、降低成本、减少污染、节约能源、促进建筑业产业转型与技术提升，所以，装配式建筑应大力推广和倡导EPC总包设计一体化。随着信息技术、互联网，尤其是5G技术的发展，新的数字工业化方式必将带来新的设计与建造理念、新的设计美学和建筑价值观。

本丛书主要以"访谈"为基本形式，同时运用经典案例、专家点评、大讲堂等方式，努力丰富内容表达。"访谈录"古已有之，上可溯至孔子的《论语》。通过当事人的讲述生动还原他们的时代背景、从业经历、技术理念和学术思想。访谈过程开放、兼容，为每位访谈者定制提问，带给读者精彩的阅读体验。

本丛书共计访谈100余位来自设计、施工、制造等不同领域的装配式行业翘楚，他们从各自的专业视角出发，坦言其在行业发展过程中的工作坎坷、成长经历及学术感悟，对装配式建筑的生态环境阐述自己的见解，赤诚之心溢于言表。

我们身处巨变的年代，每一天都是历史，每一个维度、每一刻都值得被客观专业的方式记录。本套丛书注重学术性与现实性，编者辗转中国、美国和日本，历时3年，共计采集150多小时的录音与视频、整理出500多万字的资料，最后精简为近300万字的书稿。书中收录了近1800张图片和照片，均由受访者亲自授权，为国内同类出版物所罕见，对于当代装配式建筑的研究与创作具有非常珍贵的史料价值。通过阅读本套丛书，希望读者领略装配式建筑的无限可能，在与行业精英思想的碰撞激荡中得到有益启迪。

丛书虽多方搜集资料和研究成果，但由于时间和精力所限，难免存在疏漏与不足，希望装配式建筑领域的同仁提出宝贵意见和建议，以便将来修订和进一步完善。最后，衷心感谢访谈者在百忙之中的积极合作，衷心感谢编辑为本丛书的出版所付出的巨大努力，希望装配式建筑领域的同仁通力合作，携手并进，共创装配式建筑的美好明天！

序

陈宜明

顾勇新和徐镭两位主编，历经两年多的奔波与辛苦，经过对众多企业实地探访，终于将《装配式建筑制造》编纂成书，与读者见面了。书的面世，实属不易。仔细阅读，感触颇深，收获良多。

"建筑工业化"的概念最早出现于1984–1985年间，当时叫"建筑产业化"。这个概念的提出，源自建设部负责科技工作的主管领导及有关人士对日本建筑业的一次考察访问，当时日本建筑业的技术水平和现代化程度，对访问团成员产生了很大的震动。受到震动的原因，不是因为建筑设计的现代化理念，不是现场施工的机械化程度和工人的职业素养，而是第一次认识到了"产业"和"工业化社会"的概念。

20世纪80年代，我国正处于改革开放初期，经济社会发展还处在"条块分割"的状态，经济运行主要依靠各部门的计划调控。那时，钢材的生产归属冶金部，水泥生产大多归属地方的工业局、物资局或建材局。很多企业和消费者也不甚了解卫生洁具为何物，即使是管理建设科技工作的一些同志，也很少将具体的生产活动提升到"产业化""工业化"的高度加以研究和思考发展问题。考察团从对日本建筑业的考察中得出的最直接最感性认知是，卫生洁具和厨房用碗柜竟然与建筑结构设计和施工的完成度有"标准化"的联系。尽管考察团成员看到了中日两国建筑业的发展差距，感慨万千，但还是觉得，建筑工业化对于我们的发展仅是未来。

四十多年来，在经历了快速的规模扩张式的发展之后，建筑行业当年存在的建材与建筑，设计与施工等的界限、隔阂，逐渐被打破和消除，有了巨大的进步。相关联行业间的交互、互动关系，在建筑行业的发展进程中催化、衍生出很多细分领域，各领域间分界又跨界，相异又相融的共生关系，构成了全新的行业生态，建筑工业化的发展显示出良好的势头。

现在，在行业和社会上已经有了共识：建筑业并不单是盖房子，而是还有很大的社会功能。正是由于比较深刻地理解了建筑产业的内涵，才能有目的有策略地努力推进这个产业的进步。

我们希望通过推进建筑工业化实现多个目标：获得更多的能

力，提高生产效率和产品品质，克服资源瓶颈，践行绿色环保理念。这也是我们提升企业地位，赢得竞争优势的途径。但是还要看到，实现工业化不仅是行业内在追求的目的，也是与经济社会密切相关的生产生活方式的变革。一个企业，一个地方无法实现完整意义的建筑工业化，也很难享受到建筑工业化发展所带来的福利。

工业化的过程，是从小农经济向社会化大生产转型的发展过程，将一户一村一店一厂自足自在的村舍型模式，转变为各地各行各业共生共存的社会化发展形态。这既是创造财富的逻辑，也是人们思想方式的转变。

宏观决策虽然能够触发、推动、引导工业化的形成与发展，但是，由于工业化是一种生产生活形态，它所要达到的境界，更多地取决于在建筑业从业或与其相关的每一个人、每一家企业的理念和行动。

数字化、网络化为工业化提供了新的视野和思维，新基建为它展现了更为广阔宏大的场景。工业化是前人提出的一个命题，他们的价值在于提出了问题；当代人的价值在于解答问题，并提出新的命题。

陈宜明

中国房地产业协会副会长兼秘书长

二零二一年七月二十七日

前言

—

徐镭

    钢结构、PC、装配式卫浴，建筑工业化的三个细分领域；十个企业，不同的所有制形式，不同的地域分布，不同的企业经历，不同的个人感悟；不能说他们代表了建筑工业化，但他们身上承载着建筑工业化道路的印记。两年不倦地走访，取舍难决地甄选，唯愿能向读者奉献一份有内涵的读本。

    理论基础加现场经验是钢结构和钢结构施工的精髓，这使钢结构工厂化生产能够起步于专业化的高起点。京津、苏浙沪、粤港澳是最早进入超高层楼宇建造的区域，也是超高层建筑最为集中的区域。近水楼台之便，使这里的企业有可能获得更多的理论应用和实践感悟。来自实践的感性积淀，使这里的企业能够把握工厂产品与现场施工的关联，理性看待理论与应用，质量与成本，车间与现场的关系，从而有效地选择和使用技术和设备，有针对性地安排组织生产，规避投资陷阱和经营失误，使企业得以向着成功的方向发展。

    PC行业是个看似简单，实则陷阱遍布的领域。三个案例分别来自京津沪，这里是主管部门最早推动装配式建筑的区域，也有使用混凝土构件的传统。与钢结构生产不同，PC生产方式多出自混凝土施工和简单构件浇铸，带有相当程度的任意性。三个企业的核心成员，不约而同地专注于员工专业化习性的养成，并以产业链视角处理上下游关系，合理安排产品和相应的配套服务，从而占据了优势的竞争地位，稳固了企业的根基。

    敢于进入装配式卫浴领域的人，都怀有一颗"不安分"的心。即使在今天，整体卫浴仍是一个并未被广泛接受的事物。与钢结构和PC完全不同，装配式卫浴行业起步于概念。想象力和颠覆自己的勇气，是其具备的基本素质。这种颠覆表现在产品理念、产品设计、生产制作、市场开拓等行业内几乎所有环节。入选的四个企业中，有三个源自苏州，而所有四个企业的原始产品概念也同属一个来源国。事实上，行中的绝大多数企业也莫不如此。师出同门，拼的就是想象力和颠覆自我的勇气。

    核心人物们几乎都有从事工程的经历，而从事产品生产对他们来说，是一个自我异化的转型过程。摆脱现场思维的路径依赖，建立工厂化生产的思想逻辑，再以产品生产者的身份回归施工现场。

十个企业都处在"成长的烦恼"时期。对规模效益的追求，专业化、标准化的规制，迫使他们在客户绑定和市场灵活性之间，单一品种的薄利多销和满足多样化需求之间，做大与做巧之间彷徨抉择。企业经营有如瀚海行舟，必须保持持续的发展动力，同时具有应对市场动荡的能力。这要求他们拿出再次异化的勇气，走出经历了千难万苦方才到达的"舒适区"。

工业化并非简单的机械化，甚至也不是网络化和信息化，这些都不过是工业化的标志和工具。工业化是生产过程、产品流通、技术运用和成果分享的社会化。孤岛式的企业，封闭性的地域文化，无法实现工业化。供应链的层级结构和散布式分布，是高度专业化企业获得生产弹性和应对多样化、个性化需求的解决方案。

时过境迁，过往的经验难以效仿，眼中的成功也不可复制。先行者不是路障，而是撑起一方天地的梁柱。他们的教训，为后来者标出了途中的陷阱，他们的困扰，为同行们指明了得以施展的空间。

进入工业化的境界，不在于企业规模是否够大，也不在于设备是否够好，更不在于起步是否够早。这些因素会限定参与的深度和广度，却不妨碍参与。事实上，工业化的实现与否，恰恰在于那些层次不同、体量参差、术业有别的参与者的数量。先行的骨干开拓者须相信同行们能帮上一把，周边的同行们切不可让先行者四顾无援。

网络化和数字化为产业内、企业间的合作提供了广泛的技术可能，开启了一个全新的工业时代。我们有理论，有经验，也不缺少想象力。愿同行们能够藉此书进入广阔的思想空间，拿出颠覆自己，重塑行业的信心和勇气，携手共进，推动建筑工业化稳步前行。

目录

钢 构

冯清川

高级工程师。现任中建钢构广东有限公司副总经理、中国钢结构协会"钢结构机器人智能制造技术"专家组副组长。擅长建筑施工技术、建筑设备、信息技术、钢结构智能制造技术，目前主要从事钢结构智能制造研发工作。

2017年，牵头负责了国家工信部智能制造新模式项目，带领团队独立规划、设计、建造完成了全国首个建筑钢结构智能制造工厂，彻底颠覆传统钢结构行业的制作模式，该技术成果获得"中国建筑集团科学技术奖"一等奖、"中国钢结构协会科学技术奖"一等奖。

理念

坚持发展钢结构智能制造技术，促进建筑行业工业化转型升级，创造产业工人操作幸福空间。

通过系列钢结构制造智能装备研制、信息化关键技术开发、成套先进工艺研发，促进钢结构工厂互联网协同制造方式升级，改变钢结构制造从业者的工作方式。

在总控室对话

访谈

Q 冯总，能否先把你的教育背景跟从业经验、从业经历简单地介绍一下。

A 我1991至1995年就读于河北科技大学，塑性成型工艺与设备专业。毕业之后到中建二局在深圳平湖的"深圳龙岗阳光金属构件公司"工作。当时中建二局做工程总承包，在深圳承包的第一个项目就是深圳妈湾电厂，这个项目当时是跟法国的Alstom合作，建造钢结构厂房，由于当时缺少钢结构加工企业，那时候局领导就决定在这边自建一座加工厂。工程结束后，刚好遇上深圳帝王大厦、大亚湾核电站项目，这两个项目的构件就继续在那个厂加工。当时工厂不大，年产能可能最多也就2万吨。当时我在厂里主要从事质检、深化设计等工作。到了1998年左右，开始接手一些项目。我的工作经历比较特殊，没有从事建筑钢结构的主流业务。不管是担任项目经理，还是在其他岗位，基本上都是做与核电站有关的项目。广东的几个核电站我都参与过，比如大亚湾核电站、岭澳一期、岭澳二期，包括台山、阳江、惠东的核电站项目都参与了。这些项目的主要任务是制作安装，在2008年之前，我们中建系统还没有获得核岛的建设资质，当时做穹顶的工程都由中广核或者核电二公司、核电三公司、中核华兴等承担。2008年起我们开始取证，既需要核级焊工，又需要哈佛的管理体系。中建二局取得资质之后，常规岛核岛这类建筑钢结构我们都能做了。2010年之前国内建造的核电站已经比较多了，特别是日本福岛核事故发生之后，国家发改委一度不怎么批准国内的核电项目，直到2018年以后才陆续恢复核电站的建设。另外，我也参与了一些境外的项目。

Q 境外项目都有哪些国家和地区？

A 主要集中在中国港澳、越南，新加坡那边，比较大的项目有澳门的威尼斯人酒店、澳门塔。

Q 我了解这个威尼斯人酒店，它很有特点，全装配式的。

A 对。另外在香港，包括国际金融中心、香港火炭地铁站上盖一些高层建筑，香港地铁、小濠湾车库，还有机场的天空广场以及桥梁。总的来说在港澳这边做得比较多。在越南就主要是做电厂，做桥梁。

Q 你觉得越南对中国友好吗？

A 越南也很友好。2006年中建越南的分公司或者说是越南的办事处，是交给二局来经营的。我们跟台湾的一家叫富美鑫的企业一起做联合体，一开始是开发房产的，但是一段时间之后市场不是太好，于是我们就引进基础设施来修电厂，做桥梁。最开始那几年是跟着一些国内的厂家，比如说东方锅炉、哈锅这些厂家，通过跟上海经贸合作的比较多。他们在那边做一些设备出口，做一些原件。我们就跟着他们在后面做。在越南做了好几座电厂，有四五座，也做了一些桥梁。在工程方面，大概就是这两块。到了2009年，我们把深圳平湖的工厂搬迁到惠州，也就是现在我们一期的老厂房。那时候我是基建办的，也就是业主的项目经理。一期工厂2010年就开始投产了，我在那边负责运营。2014年的时候买了二期这块地，我又回到基建办这边来负责建设，2015~2016年间企业进行产权设计和工艺规划，还有一些智能制造专项技术的研发。我们建得很快，到了2017年，一年的时间我们就把整个的厂房配套设施、设备基本上建完了，2018年春节投产。

Q 挺好的。冯总我想听你介绍一下，这个厂在行业当中最大的特色和优势。

A 这个厂其实还有个背景，我们当初同时买了两块地，一个是我们惠州这边的二期工厂，一个是我们的成都厂，当时都是设想建两条传统生产线。李克强总理在2015年就提出"中国制造

2025""德国工业4.0"的理念。那时候，这个理念刚刚从德国引入进来，我们想，央企建厂不易，一个项目要过投委会也不易，不如趁这次机会尝试一下。当时我们的想法其实没那么复杂，因为也不知道"德国工业4.0"是啥，也不太清楚"中国制造2025"有哪些内容，但有了这个方向这个理念，我们就想朝着这个方向去做。

我们的四川厂在2014年买地，2015年就投产了，也是一年时间，很快。而我们惠州厂拖了两年。都说惠州厂有两个特点，第一个特点是，融入了智能制造技术，虽然还不能叫它真正意义上的智能制造，但确确实实含有这方面的内容；第二个特点是，装备了信息化、数字化的生产技术，配备了自动化设备，并与规范的运营管理结合起来。我觉得这是我们厂运营比较好的原因，也是一个最突出的特点。为什么这么讲呢？因为光有智能制造技术是不够的，整个的管理流程原来是按照传统生产线设计的，与智能制造相关的智能管理不匹配。

当初对钢材管控很严格，因为钢材贵。钢材损耗如果是3%~4%，那成本可能就会相差得非常多。在整个的工艺控制方面，我们认为从控主材入手，损耗控制得越低当然就越好。控制得越好，成本越低。

这样，在无人下料车间开始运营的时候，整个的管理理念就是不对的。控损耗虽然重要，但是它不是最关键的，你光为了控制损耗，损耗是控制住了，但没有考虑到，如果有余料怎么办？在人工模式的时候很方便，用吊车框吊就行了，但是在智能生产上产生余料，就意味着整个自动模式就要停下来，人工把余料拣下来，然后还有一系列的退库手续。我们发现应该反过来，损耗控制应该是第二个要素，第一个要素是不能有余料。诸如此类的管理经验，这三年来我们确确实实做了一些有价值的探索。三年的运营过程当中，我们把适应智能设备的管理经验、管理思路、管理制度和措施，慢慢地固化下来。

Q **你归纳总结一下，管理流程的固化最主要有哪几个方面？比如说你的经验对行业能有哪方面的贡献，让大家能够有一条比较正确的技术路径。**

A 首先将管理流程固化，之后再把它用模型转换到数字化的平台里，形成数据库、专家曲线，来指导我们后续的一些车间管理。管理制度其实也不仅仅是制度，重点是车间的一整套系统执行逻辑，在车间里怎么把一张钢板按照工艺指导文件，加工成构件。我最看重这种执行的过程，贯穿整个执行过程的是我的工艺路线。

从钢板到构件，是先开坡口还是先钻孔，先切割还是先干其他什么，工序繁多。传统上，这些顺序是由工人说了算。为什么工人说了算？刚好钻孔有空闲他就先把孔给钻了，刚好切割这儿有空他就把坡口给切了，他认为怎么方便怎么来，这是我们传统的车间班组或者车间工序的管理方式。现在就不是了。现在是从数字模型开始，整个项目都有对应的数字模型，工艺人员把工艺路线设定，输入程序。比如一张钢板，先到1号切割机去切割，之后到8号切割机去钻孔，之后再到10号切割机去铣坡口，然后再配送到其他工位。这一条工艺路径由工艺部门、设计技术部门排定，就此固化。不再是以前那样，由工人随机把握。所以，工艺路线确定之后，就有了工艺流程，有了流程之后车间的管理者就不再是人，而是固化了的程序，物料跟随加工数据按照工艺流程向下流动，从一张钢板直到最后成为一个构件。我觉得，这是钢结构制造加工厂最核心的部分，从传统线到智能线，必须要经过这么一个过程，完成这个转变。

Q 这个转变中工人起的作用大吗？

A 工人起的作用不大，反而是班组长或者车间主任这些兄弟们起的作用最大，为什么说他们作用最大呢？因为他们有内在动力！我们也经过了两步。第一步，是硬性强推了自己设计的一套系统，但是工人不肯用，可能是觉得不好用，无奈，我不能逼着他们用。

我们集团公司有一个信息化管理部，他们在2016年开发了一个《业务财务一体化系统》。这个团队的人跟我们聊，说你那个系统不行，你自己设计的东西工人肯定不用，那只是你要用的。他说，我教给你一个方法，你去问工人，问他的班组长有什么需求，你现在是怎么做的，就按这个去做。于是我就让我的工程师去找工人，去找班组长，问他们最大的需求是什么？他们说是找东西，找不着，这是第一个需求。第二个，统计量太大。第三个，纸质文件太多。当时提出了这三项问题。因为车间的东西铺天盖地，在里面确实找不着。再有，查找零件，一堆一堆的，很难查。然后我就跟厂里的工程师商量，依据这三个需求问班组现在是怎么做的？工人是怎么做的？完全按他们说的去设计流程，然后把这个流程转换成数字化软件，把信息反映到软件平台上去。

以上这是第一步。第二步就是让工人用，因为他自己提的，他肯定爱用，他们平常就是这么做的，从而解决了他们的三个困难：找件难、统计量大、纸质文件多。工人们用了大概8个月，就离不开这个系统了。然后就是优化系统，怎么样才更好。请教专家、行业的技术员，把管理要求添加到平台上面，把我们的优化流程包括咨询公司设计的一些流程、一些管理要求，加到系统里。虽然工人还是不愿意用，但是不用已经不行了，8个月的使用，已经养成习惯，形成了对系统的依赖。就这样，到去年年底，完成了整个下料车间这套系统的使用推进。

Q 这就符合毛主席的实践论。从实践上升到理论，再回到实践，从认知到实践的一个过程。在行

业当中你们这个经验的确算是一个亮点。

A　对。其实要说另外一个亮点呢，是我们建厂的后发优势。设备的代级是最新的，而且能够在中国获取设备和技术，赢得合作伙伴，找到供应商。不敢说比国外的好，但至少是能够做到响应我所有的需求。对我所要求的一些通讯协议，一些接口，基本上都能做到开放，包括一些底层逻辑、一些源代码，都能开放给我！国外的设备或者合作伙伴是不可能做到的。有了这些资源，我们可以自己做设备集成，不管是功能上的，还是数据信息上都能实现，这为未来的数字化转型奠定了基础。不论这是不是亮点，但至少相对国内其他的钢结构同行是一个优势。我的设备供应商不会像他们的美国、德国供应商那样，拒绝开放一些功能，拒绝公开一些技术，甚至设定某些限制。

Q　**我看了很多所谓的全部进口，有些是做秀的，花了很多钱，但用不起来，很不好用。**

A　对，特别像我们这样，把整个产线连起来就更难。单机的话还好点。

Q　**是，你这个思路还是对的。你有很多需求，国内采购会响应你的需求，然后你再在这个设备当中做一些集成、优化。**

A　我们一直在想，钢结构行业的技术应该怎么做？钢结构制造应该怎么做？也就是说，因为我们做建筑项目的，在国内已经用了很多年的BIM了。无论好坏，以BIM为基础，在它的平台上至少能有一个模型，不管是设计院做的，还是我们做的，还是业主做的，或者其他人做的，至少有了这么一个初始的数字模型。有了这个模型大家共用就很方便。节点，结构设计院负责设计，在他们的模型里面，也在我们深化人员的模型里面。截面有了，节点有了，其他缺少的可能就是一些焊接、喷涂、切割了。叫要素也好，叫信息也罢，叫属性也行，由设计人员、工艺人员或者专业工程师，把这些数据植入模型，形成一个完整的数字模型。有了这个模型，在使用中可以通过管理系统、上位系统、执行系统来驱动整个生产的执行。

Q　**你在国外也考察过很多地方，你觉得目前中建科工这种管理水平，包括目前的智能化管理现状跟国外比起来，差距大不大？**

A　当然，还有很多是不如人家的。在基础管理上，我们比日本、德国还是差很远。我们的优势是在哪？我们在电子信息、信息技术、通信技术的应用上，可能比他们在某个层面要好。比如信息化管理，我们做得比欧洲一定会好。比如这种电子看板，包括信息化流程的设置上，在同行业当中是比较好的。

我们有市场，我们有活干。我们在一些设备接口、设备通讯或者样机的研发上，一开始没想自己做。我们当时想得简单，认为花钱买来就行了。后来发现不行，德国人根本不想卖。建厂一年，我们要求德国人把接口对我们开放，或者整个的通信协议跟我保持一致，甚至小型的辅助设备，让他按照我的要求去改，他都不肯改。他说凭啥改？而且说一年也改不出来。这我就不可能等他了，干脆就自己来吧。在这方面我们有自己的优势，但不能说就比人家好。

Q **您刚才介绍说您还看过服装行业工信部的试点示范项目？**

A 我们原来对工信部不了解，也没跟人家接触过，就是在我们建厂的时候，申报了工信部的智能制造的示范项目。第一批同行业第一个示范项目，是2016年的宝钢钢铁。我们16年才刚开始建厂，后来我们认识了很多智能制造行业的专家，比如丁烈云院士。前期跟院士们有过一些交流跟接触，他们就说：申报工信部的项目，不仅给企业补贴，还能帮企业做推广。但因为工厂还没有建成，他们建议第一年先试试吧。我们觉得有院士推荐的话我们就去部里答辩。工信部一开始也觉得我们建筑业搞不了智能制造，我们就把我们的研发情况和技术路线做了一个汇报，后来他们说可以来我们这儿实地考察。可是因为当时工厂还没建成，被我们拒绝了。那一年全国各行业总共也就认定了三十几个示范项目。到了2017年，我们厂建成了，就立刻递交了申报材料，邀请专家来实地考察。最终如愿被认定为2017年工信部的智能制造新模式应用示范项目。那年认定了四十几个项目，两年加起来不到100个项目。

参观总控室

图1 智能工厂全景

建筑业工业化是行业转型发展趋势所在，中建科工坚持推进建筑行业朝"标准化设计、工厂化生产、装配化施工、一体化装修、信息化管理、智能化应用"的方向迈进，引领行业的转型和发展。

1. 建厂背景及工厂定位

建筑钢结构制造行业面临制造信息化程度低、生产装备落后、工艺水平落后等发展瓶颈，传统的发展模式已经难以为继。近年来国家大力发展钢结构和装配式建筑，传统制作模式急需进行模式变革以顺应时代发展潮流。国家工信部提出的"两化深度融合"和"中国制造2025"战略，就是要为新常态下制造业发展找出一条道路，以推进信息通信技术与制造业深度融合为主线，以推广智能制造为切入点，强化工业基础能力，提高综合集成水平，全面推进制造业转型升级，推动中国制造实现由大变强的历史跨越。

中建科工集团建设了国内首个建筑钢结构智能制造工厂，工厂坐落于广东省惠州市惠阳区平潭镇怡发工业园，共占地600亩。工厂利用行业内领先的智能制造技术进行建筑钢结构的加工生产，为国内外众多工程项目提供钢结构产品。

2. 装配式建筑产业能力

公司致力于装配式建筑钢结构部件加工，产品主要涵盖H形、箱形、十字、圆管等各类钢结构预制品，以及各类自主研制装配式建筑钢结构产品（包括GS-Building钢框架体系和ME-House模块化体系等）。

公司产品涵盖各类型的钢结构预制品：H形构件预制品，生产车间配置3条H形构件预制品生产线，年设计产能6万吨；箱形构件预制品，生产车间配置3条箱形构件预制品生产线，年设计产能7万吨。十字形构件预制品，生产车间配置2条十字形构件预制品生产线，年设计产能3万。圆管构件预制品，生产车间配置3条圆管构件预制品生产线，年设计产能4万吨。

图2　装配式建筑钢结构产品场内加工实景　　　　图3　装配式建筑钢结构产品成品展示

3. 厂区生产线配置技术

公司以建筑钢结构智能制造技术为核心，以建筑钢结构部件智能加工工厂为基础，在掌握了传统制造核心技术的基础上，研发了钢结构智能制造核心技术，同时，公司自主开发了以GS-Building和ME-House两大核心装配式钢结构建筑体系，产品远销海外。在制作流程中以BIM技术辅助管理，打造了装配式建筑钢结构部件加工制造基地。

4. 智能制造核心技术

公司现已应用各类先进智能加工设备，将焊接机器人、切割机器人、搬运机器人、喷涂机器人、立体仓库、AGV、RGV、智能门架分拣机、智能程控行车等20余种关键技术装备，通过专项技术研发或设计改造而首次应用于新型结构材料制造，形成七大智能加工中心，实现80%以上工序的智能化制造。

在项目建设过程中，衍生了包括智能化"无人"切割下料技术、机器人厚板不清根全熔透焊接技术、钢结构卧式组立焊接矫正成套技术、钢结构二次加工全自动锯钻锁技术、工厂级智能仓储物流技术、信息化网络集成成套技术在内的六大钢结构智能制造核心技术。

图4 智能工厂七大中心平面布局图

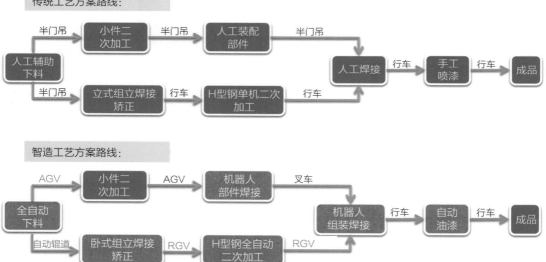

图5 传统工艺方案路线与智能工艺方案路线对比

智能化"无人"切割下料技术

通过智能下料中心将全自动切割机、钢板加工中心、程控行车、全自动电瓶车等设备和实体库存进行统一控制、调配、管理、监控和数据采集,实现"无人化"下料,提高生产效率。

机器人厚板不清根全熔透焊接技术

通过激光跟踪、电弧传感、焊缝自适应、数据库自匹配等技术配合大量的工艺试验和创新,实现焊接机器人厚板不清根全熔透焊接,并且利用离线编程、参数化编程、大型变位机联动焊接等技术实现多种结构形式的单件小批量的机器人焊接。

图6 智能化"无人"切割下料调配实景

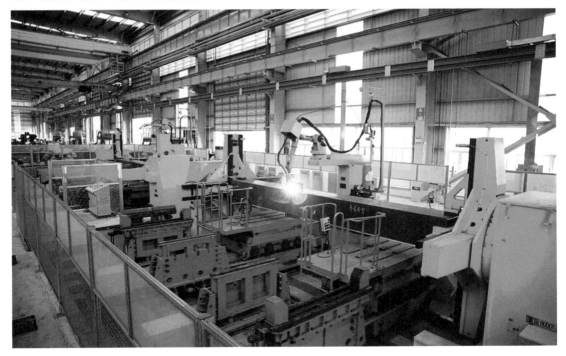

图7 机器人总成焊接工作站实景

钢结构卧式组立、焊接、矫正成套技术

通过技术革新，改变行业现行的半人工立式组立、人工翻身船型焊接、机械式立式矫正的零散式、半人工的生产方式。创新设计智能卧式组立、配自动翻身的卧式焊接、卧式在线矫正三位一体的卧式组焊矫生产线。

图8　钢结构卧式组焊矫工作站实景

钢结构二次加工全自动锯钻锁技术

通过控制软件将数控转角带锯、数控三维钻、数控机械锁三台设备与自动辊道传输系统串联成一条全自动化生产线，软件自动识别不同工件的加工路径，自动进行各种工序组合下的高精度机械加工。

图9　钢结构二次加工全自动锯钻锁加工过程

信息化网络集成成套技术

根据"数字化、信息化、智能化"的设计理念，充分利用工业以太网、大数据、云计算等先进技术，规划设计完整的信息网络系统，补全公司上层信息管理网络和车间底层设备系统之间的信息流空白，实现对制造工厂的智能化管控。

图10　工业互联网大数据平台展示

5. BIM全生命周期管理技术

公司开发并使用BIM管理平台，对装配式建筑的全过程进行信息化管理，提升专业协同工作水平。

中建科工BIM管理平台包含模型自动化处理、钢结构数字化建造、资源集约化管理、工程可视化管理、现代化终端应用五大功能。

该平台以钢结构全生命周期数字化管理为理念，总体思路是以产品工位信息化管理为基础，采用现代物联网数据采集手段，通过打造集成的5D平台，搭建钢结构全生命周期的数字化管理桥梁，最终实现可视化成本及工程进度管理。

钢结构全生命周期数字化管理平台的重要优势是通过信息化手段对钢结构建造的"四个阶段"——设计、采购、制作、安装进行管理，达到为企业和项目降本增效的目的。

6. 工程示范

深圳市第三人民医院二期工程应急院区

宁可备而不用，不可用而无备。为防控新冠肺炎疫情，中建科工在2020年年初紧急建设了国家感染性疾病临床医学研究中心项目（深圳市第三人民医院二期工程应急院区），负责项目构件的制作安装。实现20天时间，规划、设计、建成一座拥有千张床位的应急医院。医院整体用地面积约6.8 万m^2，建设规模约5.9万m^2，提供1000张病床，其中负压床位800张，ICU床位16张。生活配套区可供100名医护人员休息和办公。

布图卡学校

巴布亚新几内亚学校及公交站亭项目EPC总承包工程位于巴布亚新几内亚莫尔斯比港首都行政区，是基于中华人民共和国深圳市与巴布亚新几内亚莫尔斯比港首都行政区签署的《友好合作备忘录》和《2016-2017年度合作交流计划》而进行的援建项目。工程内容包括重建布图卡小学及援建20座现代化的公交站亭。

图11　深圳市第三人民医院二期工程应急院区鸟瞰图

学校部分占地东西长约267.23m，南北宽约241.59m，总用地面积约50565m²，总建筑面积约10800m²，预计可容纳学生2700人，其中配置小学部26班、中学部16班、幼儿园10班、多功能厅、教职工公寓12间及室外活动场地等。本项目为钢结构框架主体加三板维护结构体系，耐火等级及抗震等级须满足巴新当地标准，地上建筑两层，建筑高度为12.45m，无地下结构。

项目现已在巴布内亚新几内亚建成。中建钢构承建的此项目作为中巴友谊的见证，习近平总书记曾亲自参加学校揭牌仪式。

图12　中国·巴新友谊学校图布卡学园

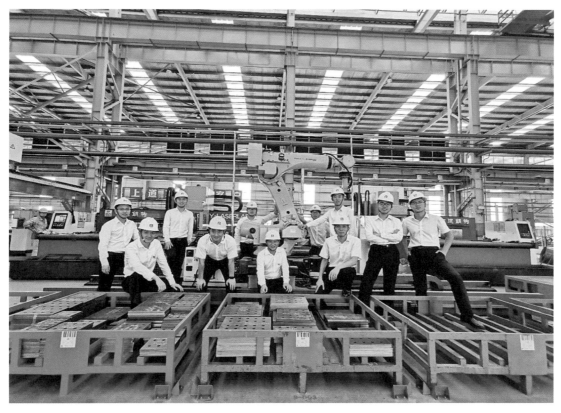

项目团队

团队小档案

核心团队名单：冯清川　左志勇　肖运通　胡海波　梁承恩　谢集友　白新涛　吴永强　刘国栋　段　松　刘江涛
　　　　　　　陈晓凯　冼国文　林少梓

整　　　理：梁承恩

刘中华

自2002年郑州大学结构工程硕士毕业加入精工钢构起，一直专注于建筑钢结构的设计、制造与施工技术研究，先后担任研发工程师、空间结构所所长、设计院院长、技术中心总监等职务，现任精工钢构集团高级副总裁、总工程师兼浙江绿筑集成科技有限公司总经理。

陆续攻克上海环球金融中心、国家体育场"鸟巢"、北京大兴国际机场等一项项结构复杂、难度空前的钢结构项目，2013年，成为"中国钢结构协会"最年轻的专家委员，2020年荣获"全国劳动模范"荣誉称号。

2019年转战装配式建筑领域，带领团队全力研发绿色智能集成建筑全过程整体解决方案，探索绿色智能集成建筑发展的新模式，现已推出"学校、医院、办公、公寓、住宅"五大产品体系以及体育、会展等非标公建的绿色集成建筑全过程整体解决方案，助推产业的转型升级。

理念

让建筑的个性与标准化有机融合，像造邮轮一样地造房子。

我们以产品化的理念，通过对建筑的标准化研发、集成化设计、工业化制造、装配化施工，将按专业组织设计与现场施工的建造方式，变革为按系统划分，按单元制造运输、现场装配的方式，实现装配式绿色建筑的建造。

装配式建筑需要通过设计、制造与施工全过程的变革，在解决建筑业面临的农民工短缺、建造的过程中产生的大量垃圾与污染等问题的同时，给用户也创造价格、品质和工期等方面的客户价值。

参观模型展示区

访谈

Q 首先，简单介绍一下你的专业背景。

A 我在大学里学的是建筑工程专业，研究生是钢结构方向，2002年毕业进入"精工钢构"，工作至今。从上海的研发中心，到绍兴的技术中心，一直从事技术工作，负责公共建筑钢结构的研发、设计与施工技术管理工作；2015年开始，同时分管整个集团的技术条线；2020年到现在，主管集团装配式钢结构建筑板块。

我觉得自己比较幸运，刚好赶上了国内钢结构发展的黄金时期，刚一毕业，就能够参与国内一些非常有影响力的钢结构项目，接触业内的一些顶级专家大师，自己也有幸在2013年加入中国钢结构协会专家委员会。因为我个人对整个钢结构行业的发展非常看好，也十分喜欢钢结构，所以一直在这个领域工作，这么多年来，参与了国内大量标志性项目的建设。

Q 能不能简单介绍一下你参与过的标志性项目。

A 2003年的郑州国际会展中心是我参与的第一个比较有影响力的项目，

那是中原地区最大的会展中心，我负责整个钢结构的设计；

2004年开始参与国家体育场"鸟巢"，它可以说是世界上结构最复杂的项目，我负责钢结构的深化设计；

与鸟巢同时期的还有首都机场T3航站楼，是当时全球最大的单体航站楼，以及后来的北京大兴国际机场，钢结构的建造相关技术工作我都有深度参与；

我还参与了国内第一个开合屋盖体育场——南通体育场的钢结构和开合系统的研发、设计与施工，后主持完成了鄂尔多斯东胜体育场、绍兴轻纺城体育场，这是国内仅有的3个大型开合屋盖体育场；

其他还有深圳证券交易所，有着超大悬挑的裙房；成都的海洋馆，194m跨度的亚洲最大的单体建筑；哈尔滨万达滑雪场，滑道最长、落差最大的室内滑雪场；成都融创雪世界，全球最大室内滑雪场等一大批标志性工程。

Q **如何看待装配式建筑？**

A 我觉得装配式建筑这个叫法比较局限，按字面意思来理解的话，就是连接方式或者安装方式的改变，然而连接方式或装配方式的改变并不应该是我们追求的目标，我认为真正的装配式建筑应该是从设计、制造与施工全过程出发，按系统集成的理念，通过集成设计、工业化生产、装配化施工实现建筑的建造。

现在的装配式建筑能够产生的更多的是社会价值，注重解决传统建造方式所面临的农民工短缺、建造过程中产生的大量垃圾与污染等问题，但对客户来讲，并没有直接感受到这些价值。"精工绿筑"思考更多的是，集成建筑能够给客户带来什么价值。

客户关心的是什么？是价格、品质与工期，至于是用传统方式还是装配式来实现，他们并不关心。现在装配式建筑的造价普遍略高于传统建造方式。对客户来说，相对传统建造方式，如果装配式的建造方式品质更好或者工期更短，那么他会愿意为略高的价格买单。如果不能做到以上两点之一，客户自然会不愿意接受装配式建筑。

在厂区前参观

Q   如何看待装配率这个指标？

A   装配率是一个工程中装配式构件的占比，这是国家为了推广装配式建筑推出的一个评价指标，装配率高于一定的指标才能被称为是装配式建筑，才能享受各地针对装配式建筑推广的政策。装配率要求不高时，开发商为了满足这个指标，大多是楼板、楼梯、内外墙板三板体系再加上一些阳台、飘窗等采用装配式，尽管梁柱还是现浇，但整体能达到装配率要求；也会让其中几栋采用高装配率，而其他采用传统建造方式，整体也能达到装配率要求。这种低装配率建筑在建造过程中的管理会比较乱，因为，除需要同时管理装配式和现浇两套技术体系、两套措施、两套验收标准外，还必须按照装配式的要求，加大吊机、增加材料堆场，而同时又要现浇大量的梁、柱，模板和脚手架又成为必须的存在，两套建造方式混用，工序大量交叉，管理往往跟不上，从而会导致进度更慢，成本更高。

我们不能为了装配率而推进装配式，不能简单地把现场做的事情搬进工厂了事，提升装配率的工作必须着眼于效率、品质的提升，才有意义。

在厂区前参观

Q **你们为什么不做纯的PC和混凝土项目？**

A "精工钢构"以钢结构起家，从事钢结构行业多年，有技术、人才、管理经验的积累，钢结构工程本来就是装配式的方式，而且其特性也非常适合于装配式，因此，转型做装配式建筑时我们很自然地选择了钢结构体系的建筑开展装配式研究。

至于目前市面上大量采用的PC装配式体系，我有一些自己的看法。首先，现浇是混凝土结构最大的优势，如果没有效率的大幅提升，采取预制系统没有太大意义。其次，我们知道日本和中国一样，也是地震多发国家，日本有很多的PC建筑，其整个工业制造生产水平和管理水平比国内要高得多，但在日本做得好的东西到了我们这里，可能会水土不服，国内自己的PC市场要达到那种水平还需要一个漫长的过程。PC的关键是连接，尤其是竖向构件的连接，安全性还有待检验，由于应用时间短，地震等特殊灾害条件下的安全性检验缺乏。没有针对性的通用软件，设计工作量巨大。

我们认为应该将钢结构与PC的优势充分结合起来，也就是钢-混凝土组合结构体系，也就是将PS（预制钢结构）和PC（预制混凝土）结合在一起。虽然"精工"最早是做钢结构的，但是我们并不排斥使用混凝土，混凝土有它天然的优势，至少性价比上有相当的优势。这并不是说钢结构不好，而是说从性价比的角度考虑，两者可以结合使用。梁和柱等主要受力构件采用钢结构，其他的比如楼板、内外墙板、楼梯等，根据具体项目特点，在两者间选用。

Q 目前钢结构住宅在市场上面临的主要问题？

A 目前，在住宅建筑上运用钢结构并没有真正解决用户的使用感受问题。国内缺少真正理解装配式、懂钢结构的建筑师，无法推出适合钢结构特性而发展出来的户型。此外，构件的标准化程度还比较低，造价比较高，客户还不太接受。

Q 装配式建筑为何成本比传统建筑要高？

A 很多人认为，传统施工是现场手工制作，改为工厂机器生产，效率必然会提高，成本也应该降低才对。但因为现在很多部品的标准化程度还不够高，大部分是定制而不是标准化生产，工厂生产的效率并不高，有些工厂，只不过是把一些传统的现场工作，原封不动地搬到工厂里而已。像常规的PC墙板，工厂里的钢筋绑扎、预埋、混凝土浇筑等工作，还是以人工为主，基本上现场怎么做，工厂里还是怎么做，这种方式效率没有任何提高，成本自然无法降低。

工厂制作还带来了很多额外的成本，比如工厂的投资摊销、运输成本、成品保护、税费增加，如果没有效率的极大提升，就不足以覆盖上述成本的增加，总成本的上升几乎无法避免。但随着自动化程度的提升，产品价格还是会下降的。

Q 如何推进工厂的自动化？

A 自动化的前提是构件的标准化，如果你的构件都是非标的，自动化程度肯定高不到哪里去，这就要求做好设计的源头控制。比如我们1000多万引进了一套方管智能生产线，框架柱采用成品方管，与H钢梁节点采用梁（隔板）贯通的做法，相比传统的箱型BOX生产线，可以极大提高生产效率，但刚投入使用时，遇到设计节点存在隔板外伸尺寸不一、钢柱变截面等问题，需要对设备进行频繁的参数调整才能生产，极大地影响了效率，而且制成品的质量也不理想。后来我们推进连接节点标准化，在满足设计要求的前提下，充分考虑制造与安装的便利性，实现了设备长时间的无监视运行。将来，我们的设计与工厂的智能设备要完全打通，实现一键生产。

Q 与钢结构匹配的内墙材料有哪些？

A 我们选择内墙系统的原则是不需要浇筑、腻子、油漆等湿作业，因为这些作业会带来污染、低效等问题。与装配式钢结构匹配的墙体材料比较少，传统的砌体墙湿作业太多，现在市场上用得比较多的是ALC条板，另外龙骨墙的装饰效果比较好，环保而且改建非常灵活，改建灵活这一点非常重要，在一些特殊的建筑里，比如医院，需要调整使用功能的时候，确定调整方案后，只需要一个晚上的时间，就可以调整到位，所有材料可以重复利用，第二天把家具设备等装进去，就可投入使用，不会影响医院的正常工作，唯一的缺点就是价格还比较高。

Q 绿筑的内装工业化是怎么做的？

A 我们公司没有进入工业化内装领域，都是通过外部合作的方式解决，有包括"亚厦""和能人居""科逸"等伙伴。现在在市场上对工业化内装的接受度还不高，内装的很大一部分意义是消除毛坯房的精度误差，这导致传统内装需要大量的找平、抹灰等工作，既增加了荷载，又造成大量的材料浪费，而且内装的寿命比较短，在整个建筑生命周期中，需要多次更新，因此，工业化的内装是一个发展方向，我们是比较看好的，并以参股、产业联盟等的方式，将工业化内装融合集成到建筑体系中来。

Q 有没有可能实现"像造汽车一样造房子"？

A 并不是所有的建筑都适合用装配式的方式去做，比如城市的博物馆、剧院等，都是非常个性化的，更接近于艺术品而不是工业产品，只有标准化高的东西才能成为工业化产品。我们经过充分研究后，觉得学校、医院、办公、住宅和公寓五大类建筑，比较适合按照产品化的思路去实现。比如学校里的教学楼，其功能是非常单一的，标准化程度可以很高，这类建筑就适合按照工业化的方式生产。

我们在参观汽车厂、电梯厂时，看到生产都是高度机械化的，效率非常高，非常羡慕，很多公司——包括我们自己——经常在提"像造汽车一样造房子"，以实现标准化的快速建造。但是我认为，工业领域有轻、重工业之分，很多生产设备和技术在轻工业可以用，复制到重工业就行不通。汽车制造行业零部件的重量与我们建筑上的构件相比，至少相差1个数量级，要设计出10倍以上负荷的机械臂，造价远远不止10倍，所以建筑行业不是做不到，核心问题还是效率。与传统制造业的产品相比，建筑是高度定制化的，建筑产品不可能做到像汽车那样的标准化，虽然现在汽车在一定范围内可以定制，但是它也只能做到比如颜色，内饰等这些不严重影响标准化制造的前提下，提供有限的选择。

我觉得"像造邮轮一样的来造房子"，可能更合适。很多相同型号的邮轮，其实是不完全相同的，比如客舱的装饰，甚至不同级别客舱的占比等，它的建造方式是装配式的，分段制作后再整体组装，所以它的建造速度非常快。

Q **谈一下你们是如何管理装配式的生产基地的。**

A 我们装配式的基地能够供应钢构件、PC、钢筋桁架楼板、金属夹芯墙板、模块化房屋等，装配式构件数量繁多，我们能够做到"像发快递一样的发送构件"，主要依托一套自行开发的基于BIM的项目数字化协同管理平台。首先建立整个项目的BIM模型，基于这个模型，我们开发了很多管理层面的应用程序，包括要货、排产、发货、质检等流程，这些全部在平台上实现，每个构件被赋予一个二维码，构件状态的变更可以通过扫描二维码，二维码与云端的模型连通，管理者可以实时掌握工程进度。

这个平台是我们从2014年开始自主研发的，到现在有一个40多人的软件开发团队，已经迭代到6.0版本。我们企业自行开发出来的软件有个优点，就是特别贴近实际的需求，不像软件公司做出来的产品，可能酷炫，但不一定好用。现在这个平台不单单我们自己公司在用，我们还销售给行业内的其他企业，可以根据他们的需求做一些个性化定制。

Q **你觉得"精工绿筑"的特色与优势在哪里?**

A 建筑传统做法是划分专业设计与施工。建筑是一个有机的整体，随着建筑行业的发展，专业细分程度越来越高，专业协同的复杂程度也越来越高，这种相互独立的衔接方式容易导致各种"错""漏""碰""缺"，特别是对于装配式建筑，单件部品、部件要求多个专业的系统集成，传统的做法已经不能适应行业发展的需要。"绿筑"打破了传统专业分工的模式，通过部品、部件标准化、建筑功能模块化与参数化，将建筑传统建造模式的按专业划分、现场施工的方式，转变为按系统划分、按单元制造运输，现场装配，从而实现快速建造、绿色环保建造。

建筑行业的产业链很长，涉及的上下游配套非常多，我们的定位是做装配式建筑的集成商，通过产业联盟的方式，将配套的供应商纳入我们的体系中，大家共建体系，共谋发展。

装配式的建造模式，必须依靠信息化的项目管理工具，市场上有很多软件公司提供通用的项目管理软件，但是他们难以准确抓住客户需求，所以我们依靠自己的软件开发人员，为装配式钢结构建筑量身定制了一个基于BIM的项目管理平台，覆盖设计、采购、制造、施工、运维的项目全周期，平台信息化管理这一创新，是我司集成技术创新之外的另一大驱动力。

图1 工厂厂区鸟瞰图

浙江绿筑集成科技有限公司，具有中国钢结构制造特级、建筑工程施工总承包一级、钢结构工程专业承包一级资质。公司具有完整的设计、生产、施工、咨询等全过程管理与服务。

公司以基于产品化的研发、BIM的集成设计、信息化的项目管理、智能化的生产、装配化的建造、信息化的运维等六大核心技术，现已形成住宅、公寓、学校、医院、办公的"全系统、全集成、全装配"的装配式集成建筑产品体系和成套技术。

2004	2008	2012	2016	2017	Future
成立上海绿筑住宅系统科技有限公司	成立精工钢构集成建筑事业部	成立浙江绿筑集成科技有限公司	投产绿筑集成科技智能制造产业园	PSC集成建筑技术与之云信息化管理平台全面升级	为客户提供绿色智能的集成建筑产品
开启低层集成住宅的研发和业务	开启公共集成建筑的研发和业务	开启装配式集成建筑施工总承包	开启装配式集成建筑工程总承包	首批国家绿装配式建筑产业基地	更加绿色 更加智能

图2 公司发展历程

GBS集成住宅

GBS集成公寓

GBS集成学校

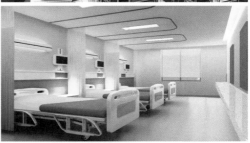

GBS集成医院

GBS集成办公

图3 装配式集成建筑产品体系

1. 车间制造过程

H型钢智能装焊生产线

生产线通过数字化控制、网络数据传输、单元模块式数控系统，配合机器人智能控制，利用RGV小车实现了物流过程自动化、各执行机构运行控制智能化、生产效率高效化。

钢板数控下料

机器人自动组装

RGV小车工件自动配送

机器人自动焊接

H型钢数控矫正

三维孔群数控加工

H型钢数控切割

H型钢数控锁口

图4 H型钢智能装焊生产线

方管柱智能装焊生产线

方管柱智能装焊生产线各工作站采用机器人系统控制,配合参数化编程及ARCMAN离线示教系统,用离线方式进行安全简单的示教模拟,可最大限度发挥系统的操作性能和效率性能。机器人焊接系统具有自动换枪、自动清渣、自动剪丝及自动焊接功能,实现长时间的无监视运行,提高生产效率。

方管数控锯切下料

节点法兰装配

节点法兰焊接

节点与牛腿装配与焊接

柱总成(长柱+节点)焊接

RGV小车工件自动出料

图5 方管柱智能装焊生产线

钢筋桁架楼承板生产线

钢筋桁架楼承板生产线由钢筋桁架生产线、底板压型机、钢模板点焊机等组成,整套设备集机、电、液、气于一体,由微电脑控制,完成钢筋桁架生产、底板成形以及钢模板组采用单元模块式生产方式控制,钢筋桁架、镀锌钢模板配套分别生产,实现产品多样性,能够覆盖市场需求。

钢筋自动垛架

钢筋自动输送打弯机

钢筋桁架自动组焊机

镀锌钢地膜辊压机

钢筋桁架自动切断机

桁架与底膜电阻点焊机

图6　钢筋焊接楼承板生产线

PC预制混凝土自动控制连续生产线

　　PC自动控制连续生产线采用复式双工位布置，进行集中控制，通过数字化信息手段和网络数据传输技术，收集生产数据信息，自动对各生产工序的控制和信息统计，合理、高效利用回字形生产线的闲置区域，同时实现前布料后出成品的流水作业，主要生产叠合楼板、PC墙板、PEC构件等。

生产线自动化控制系统由PLC控制，采用位置传感器检测工件定位，由各个单机设备控制系统组成，各个控制单元相互通讯，安全互锁，每个工位既可以相对独立工作，也可以转换为联动控制，系统控制灵活性强。生产线通过数据模块化采集输出，生产数据中央集中控制，同时优化产品结构，实现生产线产品多样化、高品质和自动化生产。

楼板支模与钢筋布置

墙板面砖反打

混凝土自动布料机

混凝土振动台

混凝土磨平机

混凝土智能养护窑

图7　预制混凝土自动控制生产流程

保温一体板自动生产线

保温一体板自动生产线集机、电、液为一体的机组，生产线自动化控制系统由PLC控制，采用了先进的自动上料技术、上下自动喷胶系统、复合传送技术、自动码垛系统和自动打包机，生产效率高，产品质量稳定，可以实现全自动连续生产。本生产线产品丰富且多样化，涉及产品主要包含全岩棉墙面板、聚氨酯封边岩棉板、大理石保温装饰一体板、铝板保温装饰一体板等,覆盖了装配式建筑维护系统的主要产品体系。

图8　保温一体板自动生产流程

2.　信息化

以BIM技术为基础,结合二维码、物联网、GIS、云计算、大数据、5G等技术自主创新研发BIM+ERP的数字化管理平台,共包含了项目全生命周期的4大阶段、15大场景、100+的应用功能。

数字化管理平台提供给所有项目参与方使用,包括设计、制造、安装、监理、业主单位,实现安全、质量、进度、物资、机械、成本全方位智慧管理,保障了项目的高效运行。

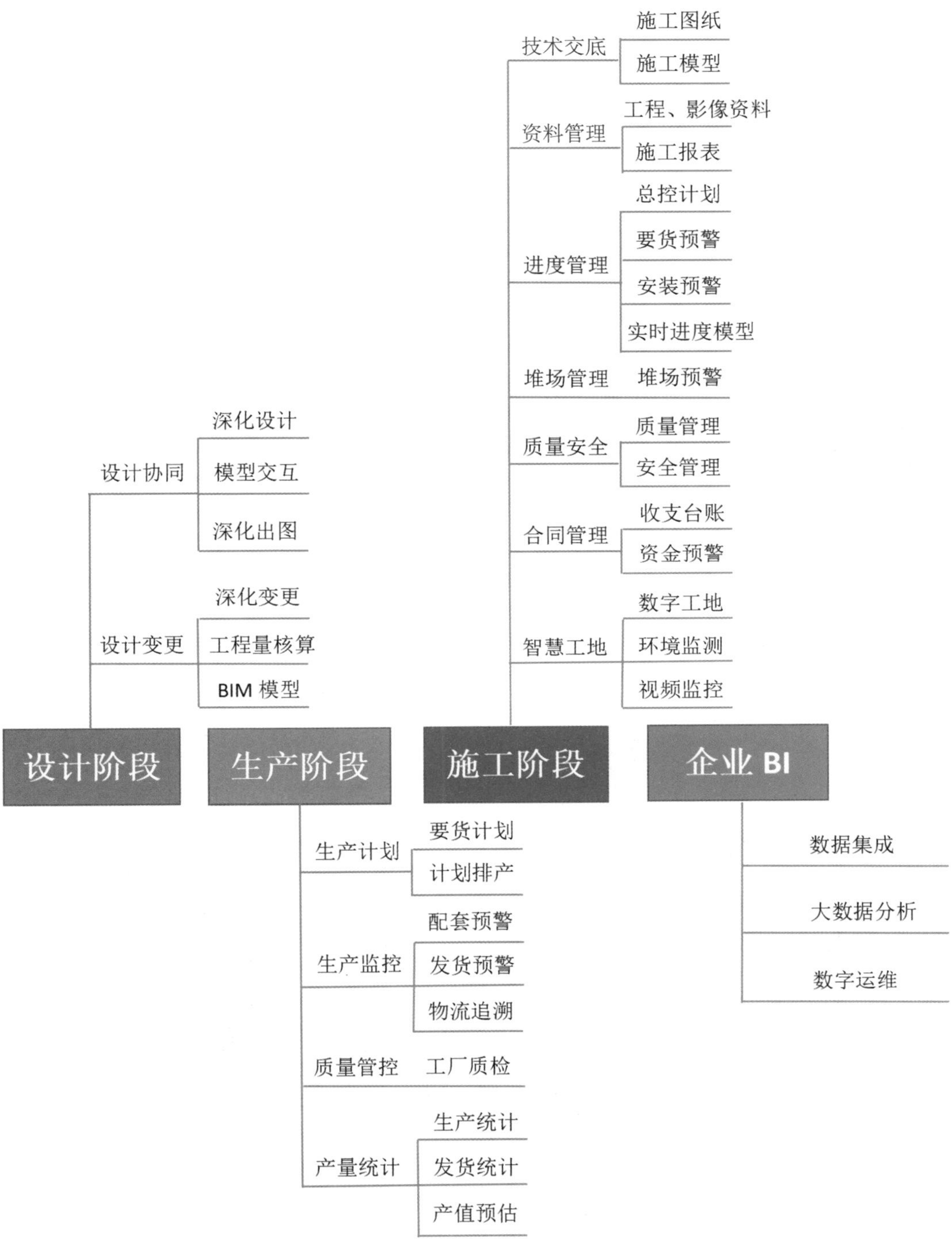

技术交底 ── 施工图纸
          施工模型

资料管理 ── 工程、影像资料
          施工报表

进度管理 ── 总控计划
          要货预警
          安装预警
          实时进度模型

堆场管理 ── 堆场预警

质量安全 ── 质量管理
          安全管理

合同管理 ── 收支台账
          资金预警

智慧工地 ── 数字工地
          环境监测
          视频监控

设计协同 ── 深化设计
          模型交互
          深化出图

设计变更 ── 深化变更
          工程量核算
          BIM 模型

设计阶段　生产阶段　施工阶段　企业 BI

数据集成

大数据分析

数字运维

生产计划 ── 要货计划
          计划排产

生产监控 ── 配套预警
          发货预警
          物流追溯

质量管控 ── 工厂质检

产量统计 ── 生产统计
          发货统计
          产值预估

图9　信息化全流程内容

图10　BIM+项目管理平台网页端界面

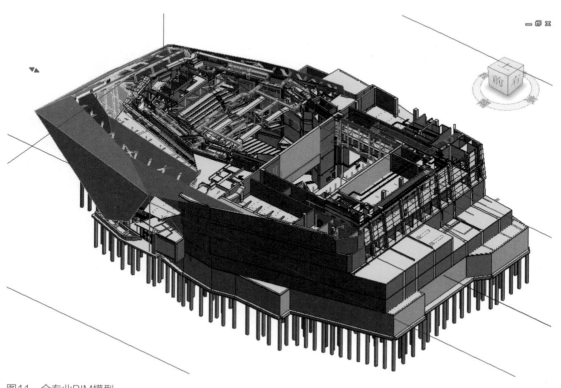

图11　全专业BIM模型

3. 代表性项目

项目为浙江大学建筑设计研究院（UAD）的办公场所，总建筑面积14933m²，地下2层，地上3层，地上建筑面积8888m²。

图12　浙江大学建筑设计研究院办公楼

建设单位	杭州紫金准乾科技发展有限公司
设计单位	浙江大学建筑设计研究院有限公司
装配式设计深化单位	浙江绿筑集成科技有限公司
监理单位	北京中联环建设工程管理有限公司
施工单位	浙江绿筑集成科技有限公司
地理位置	浙江省杭州市西湖区三墩紫金众创小镇

项目采用装配式设计与施工，PEC钢混组合框架结构体系，单元式幕墙＋UHPC保温装饰一体化外墙系统，全装配式装修系统，满足国家绿色建筑三星标准，达到健康建筑要求，装配率96.8%。

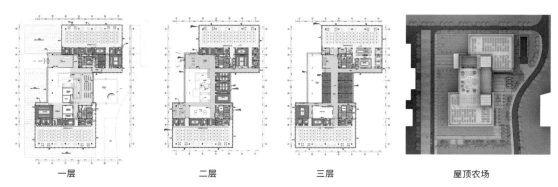

一层　　　　　　　二层　　　　　　　三层　　　　　　　屋顶农场

图13　各层平面图

PEC柱工厂制作—钢构件　　　　　　PEC柱工厂制作—混凝土浇筑后

PEC梁工厂制作—钢构件　　　　　　PEC梁工厂制作—混凝土浇筑后

PEC柱现场安装　　　　　　　　　PEC梁现场安装

图14　项目工程建设进程

PC楼板吊装　　　　　　　　　　　　　楼板施工完毕

UHPC与玻璃幕墙吊装

管线施工

图14　项目工程建设进程（续）

图15　数字化模拟建造

图16　实际建造过程

图17　建造完成

4. 项目实施效果

图18　外立面1

图19　外立面2

图20　办公区域

团队合影

团队小档案

公 司 管 理 团 队：刘中华　徐春平

工 厂 核 心 人 员：章磊斌　王荣江　胡关军　田利君

设 计 研 发 团 队：田宇治　王晓涛　于送洋　秦光明

市 场 销 售 团 队：高建法　刘新华　蒋晓明

售后安装指导团队：戴恺龙　李发林　李海东

其 他 保 障 人 员：胡鸣嗥　杨　波　薛永峰

摄　　　　　　影：褚嘉琪

整　　　　　　理：邱仙荣

蒋金生

中天控股集团总工程师兼任中天恒筑钢构董事长、总经理，被同济大学土木工程系授予博士学位，是中国建筑业协会专家委员会委员、中国施工业管理协会专家委员会委员、中国建筑业协会建筑技术分会副会长、中国城市科学研究会绿色建筑与节能专业委员会副会长、全国建筑业企业总工程师联合工作会常务理事、《施工技术》杂志编辑委员会委员，浙江省科技委员会委员、杭州市土木建筑学会常务理事、浙江省技术创新协会会长，曾任国家优质工程专家现场检查组组长、鲁班奖（国家优质）工程专家现场检查组组长、浙江省优质工程（钱江杯）专家现场检查组组长。

理念

秉承"技术引领发展"的宗旨，将技术提升作为公司的首要发展战略。通过引进技术人才、完善培训制度、强化技术总结与推广等措施，逐年提升公司的专业技术能力。

始终坚信"踏踏实实才能做好企业"，在公司发展的历程中不断审视自我与他人：时刻以学生的空杯心态去接纳和学习，取他人之长，补自我的短板。坚持"谁是太阳，谁就能升起"的人才方针，人才是企业屹立不倒的坚强根本。各级管理者只有不断地审视自我，企业才能健康地可持续发展。

访谈现场

访谈

Q 作为钢构行业中快速发展的企业，依据市场和行业要求，是如何自我定位的？

A 我们致力于“搭建一流创业平台，打造行业领先生产基地”。公司就是一个平台，大家集聚创业，合作共赢。项目经理责任承包制，就是项目经理在这个平台上创业、收获，当然，在他们收获的同时，公司也在成长、发展。有了好的平台，还要辅以优质的服务，这也是我们几年来一直强调的。通过总结项目实施过程中的经验教训，好的推广，差的杜绝，员工与项目经理共同学习进步，这样平台的支撑服务就会得以更好地发挥。服务分为态度和能力两个部分，空有服务态度没有服务能力不行，我的目标是，把干实事、讲诚信的社会精英集聚到平台上来，通过制度化管理，优胜劣汰。另一个目标是通过服务、制度，把每个项目更好地管理起来。按照制度、规矩办事。这样的话客户就会更加认同中天恒筑钢构，客户可以放心地把业务交给我们。实际上，这两年的桥梁业务亦如此，例如我们的第一个桥梁项目，与杭州市政合作，配合G20通车，工期紧，要求高。接到任务后，首先要求工厂保证质量，无论遇到多大的困难，尽全力抢工，不能影响客户信誉。所有管理人员吃住都在公司，日夜奋战，任务得以提前完成。我们是众多承建单位中少数如期完成的企业，杭州市政给予了高度评价。从此，我们的杭州市政桥梁

访谈现场

项目越来越多，从最初的1000多吨，增长到现在的半年4万多吨。靠制度、服务、人才、诚信做企业，做到制度完善，内部不求人，搭建一个一流的创业平台。

Q 企业主要的产品特色——领域多元化、技术领先

A 我们承接厂房、场馆、高层、超高层、栈道、建筑小品等几乎所有的钢结构类型，也承接了几个标志性装配式建筑，现在正在推广。我们始终坚持技术领先。钢结构的形态、类型五花八门，一定程度上难度高于土建，需要强大的技术团队作为支撑。在严控管理人员数量的前提下，强调技术团队建设，尽可能多地招聘、培养技术人才。我们的技术团队中部分人拥有较多的实践经验，另一部分则来自于同济大学、浙工大等各大高校毕业生。

Q 重视团队培养，打造学习型团队

A 通过引进管理公司团队，完善公司流程。严控成本，总结先进施工工艺、工法，并进行总结推广。所谓先进的工艺工法，就是遵照我们楼董事长提出的优质、低价、能挣钱的施工方法。以绿色施工为原则，总结部分特色项目，比如绿色观光道，由项目经理与技术部门共同总结，把工法流程、管理进行整合，请项目经理讲课，成立中天恒筑钢构大讲堂，共享经验。一个月开展一次，分享经验、剖析教训，集合大家的智慧，共同成长。要设法让所有项目经理的绝招、"武功秘籍"全部分享给大家，让大家都有做的能力，不管是谁，只要加盟中天恒筑钢构就能学到东西。

Q 如何降低成本，提升企业竞争力？

A 通过大力发展合格的外协加工厂，降低运输成本。建立工厂是重大资产投入，这是我们追求的发展方向，但又要建成一流的加工基地，实现成本低，质量高。我们有大量的外协加工量，本厂生产产品可能不到三分之一，今年有可能连四分之一都不到。随着业务量的增加，我们输出管理团队，管理外协加工厂。我们拥有一套成熟的管理标准，要求他们按照我们的标准做。自己的工厂也完全实行市场化经营管理，项目经理可以选择在我们这里加工，也可以选择我们的外协加工厂加工。要有竞争，成本才能得到控制。

Q 强化技术能力，加强成果输出

A 我们拥有已授权专利55个，国家级QC成果2项，省级QC成果2项，市级QC成果4项，国家级BIM奖3项，省级工法2项，浙江省建设科学技术奖1项，参编地级规范1项，参编专著1本《多高层钢结构住宅建造指南》，鲁班奖1项，中国钢结构金奖6项，浙江省钢结构金刚奖16项。"福道"就是我们的专利之一，中央电视台也对此进行了报道，后来相继承接了好多项目，它确实是绿色施工，成本较低，又不破坏环境，大家对我们的吊索、汽车吊施工方案很认可。

Q 钢结构住宅有哪些重点关注点和经验可以分享？

A 我们对于加工制作实行严格管控，信息化监控。钢结构的制作并不是简单的按计划实施，进场需要调整，所以工厂必须掌控实时进度，构件到了什么位置，什么时间能出来。很多企业承诺的构件出货期，可能与实际相差十多天。外协加工，说今天下午要运到了，结果他那边根本还没动手，那现场怎么办？机械、人工都会受到影响。为此我们组建了一个外协加工团队，成立调度室，掌控构件生产进度，管控现场，通过信息化体系，确保掌握真实情况，准时准点运到现场。

钢结构为主体的项目，不应该一味服从土建，辅助安装、钢筋施工，应该以钢结构为主。很多钢结构的总包负责人都是土建出身，会迁就土建。即使那些工人都是钢结构专业背景。要保证专业化，钢结构就必须以理解钢结构的人为主施工，不能以只有土建经验的人为主，工作的重心应该是在钢结构。如果把钢结构放在次要位置，就容易出问题。

Q　有专门的装配式住宅体系标准吗？

A　目前还没有。市政桥梁以及钢结构住宅等，都是作为研究课题在进行，申请了很多相关专利。我们关注的重点是，在保证质量的前提下，做到成本最低。物流仓库和厂房都是维护体系，最怕渗漏，业主最关注的就是渗漏问题。所以综合各个公司维护体系的特点，形成了我们自己公司的维护体系。我们要适应市场，而不是凭主观臆想构建市场。我们设计构造节点构件，要能够在材料市场上采购。要努力形成自己的维护系统、住宅系统，为公司生产服务，包括钢结构住宅、厂房、物流仓库、桥梁、栈道维护系统。

图1 厂区

浙江中天恒筑钢构有限公司（简称"中天恒筑钢构"）是一家集施工总承包、钢结构设计、制造、安装、专业技术服务为一体的大型企业。业务范围广泛，涉及厂房、高层、场馆、桥梁、化工、钢结构住宅、栈道、快建结构、建筑小品等类型。

中天恒筑钢构是国家高新技术企，拥有杭州市级企业技术中心，与同济大学达成战略合作关系，拥有一支高水平的技术团队，在钢结构工程设计、深化设计、制作和安装等方面具有领先的技术优势。

中天恒筑钢构主生产基地位于杭州青山湖科技城（杭州高新技术产业开发区青山湖园区），拥有先进的切割、组立、焊接、矫正、抛丸除锈等生产设备和检测设施。

由于近年政府加强了环保要求和管理；焊工等技术工人趋向老龄化，新一代技术工人青黄不接，招工难成了常态；传统建筑产业转型升级趋于必然。

钢结构装配式连接节点有利于现场安装，强螺栓连接节点，可以免于现场焊接操作，对现场安装环境有利，可以减少污染、加快建设速度；其次钢结构装配式可以集成围护、楼板、楼梯等部件，装修集成一体化；还便于BIM运用，设计、生产、管理信息化。

1. 钢结构装配式特点

- **安全舒适**：楼板结构强度好、震动感小，围护墙体的材料可选择空间大，同时可自由分割室内空间，能够让客户获得更理想和舒适的居住体验，使建筑物获得高标准的安全性和舒适度。
- **抗震性强**：钢结构框架房屋被证明是抗震性能最强的建筑。"装配式钢结构建筑"以钢材为主结构，构造柱与基础连接及柱与横梁的连接均为标准节点及高强螺栓完成，形成装配化框架结构，优于普通焊接的框架钢结构建筑，避免了焊接隐患。
- **绿色环保**：我们提供的房屋产品从设计理念、材料选用、制作技术、现场施工和交付客户之后的使用过程以及未来的可回收再利用等整个的产品生命周期始终秉承追求环保节能的目标，并充分考虑为客户提供环保、安全、舒适和实用的居住环境。
- **施工快速安全**：建设速度快，节省工时。房屋构件全部在工厂制作完成，现场装配，无焊接。专业化快速施工技术，60天可以完成30层主体结构；

全装配技术，工厂制作，现场无焊接，无任何配件，施工简单，省时、省工、降低50%施工费用；全螺栓标准节点精准度高、连接性能稳定，避免了焊接的弊端，提高了系统的可靠性，比焊接钢结构抗震性能更理想；框架式装配化集成住宅，节能环保、可拆、可卸、可回收，实现了资源再利用，属绿色环保建筑。

2. 装配式柱梁智慧生产线

该生产线根据国内成熟的生产线改进而成，结合WIFI网络控制技术，读取各台机械的控制系统变频器、控制信号、产品出口可视化自动检测信号、不合格品视频信号，传输到数据中心汇总，根据每天生产情况，数据智能系统结合深化资料、生产计划等内容，自动分配日生产任务，同时在每日23点自动生成日报表、质量报表、缺陷报表，汇总深化数据、生产计划数据，生成次日生产计划。

产品定位：装配式钢柱、钢梁，标准化定型钢柱、钢梁。

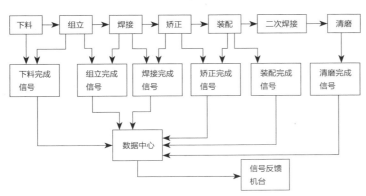

图2　生产流程图

- 效率设计：日产38吨/条。
- 产能设计：设计年产能0.9~1.2万吨/条。

生产线特点：管理智能化，生产计划实时化，工时统计、产量统计实时化，报表数据网络化，生产可视化、除无损探伤外检测自动化。

美国海宝操作系统，等离子数控切割

多头火焰数控切割机

丹佛斯变频控制H形组立机

PLC控制台湾箱形组立机

美国林肯电源H型钢焊接机

PLC控制台湾箱形焊接机

图3　主要设备

重型矫正机

轻型矫正机

松下数控系统节点中厚板焊接机

法因数控钻床

图3　主要设备（续）

3. 积木式标准模块生产线

　　该生产线是公司为模块化生产组建的，以标准胎模为主，传输以辊道为辅，胎模设计为矩阵排列，把胎模胎面分割成100×100分组区，把每个区有机结合，适应各种模块的生产，既可以批量生产标准模块，也可以生产定制模块；定位压紧焊接，均采用液压机械手完成，大大提高了装配和焊接速度。

　　产品包括：外墙模块、内墙模块、楼层板模块、卫浴模块、厨房模块屋面模块、阳台模块。

- 效率设计：日产30吨/条。
- 产能设计：设计年产能0.9~1万吨/条。

生产线特点：成模标准统一，批量速度快，孔位精度高，有利于现场装配。

图4　积木式标准模块

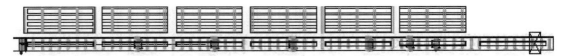

图5　积木式标准模块生产线示意图

4. 墙体生产线，水、电安装生产线

墙体生产线是以钢柱和钢梁框架模块为基础，集成装饰墙体、水电为主的生产线，以台架、辊道为主的生产流水线。集板材切割、装配、修边成型一体化。

产品定位：是模块化生产配套线，可以组装墙体板、保温层、装饰层、水电层。

- 效率设计：日产40吨/条。
- 产能设计：设计年产能0.9~1.5万吨/条。

生产线特点：简单、高效，制作精致美观。

图6　墙体生产线

水电安装

保温层安装

图7　墙体制作现场

楼板模块

墙体模块

图7　墙体制作现场（续）

5.　部分已完成工程

六边形模块

六边形模块

六边形内饰模块

六边形外景模块

图8　广州南站

剪力墙模块制作　　　　　　　　剪力墙模块　　　　　　　　　　板材切割

柱模块　　　　　　　　　　　　　　　节点模块

节点模块　　　　　　　　墙体模块　　　　　　　　模块检测

图9　杭州龙湖

水电模块 水电模块

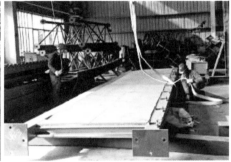

墙体模块 墙体模块

墙体模块 楼板模块

现场安装 现场安装

图10 公司别墅样板房

栈道模块，人与自然和谐相处    栈道模块，不损坏草木

图11　福州福道

团队合影

团队小档案

公司管理团队：蒋金生　吴　乐　楼政权　周　映　徐　晗
工厂核心人员：陈　刚　娄建国　刘兵华　章宝林　罗辉立　嵇永德　吴旭军　王哉能　潘涤勇
技术设计团队：徐山山　张茂国　段坤朋　陈慧娜
市场经营团队：于大鹏　李　红　张　杰　王钰滢
工程管理团队：付建新　李永铭　来伟玲　楼　颖
其他保障人员：余昕儒　李晓阳　朱冰梅　刘有清
摄　　　　影：钟　星
整　　　　理：朱冰梅

PC

李浩

中建一局集团建设发展有限公司副总经理、中建正大科技有限公司副董事长、中建（天津）工业化建筑工程有限公司董事长，兼任中国施工企业管理协会科技专家、北京市住宅产业化促进中心专家、中国混凝土与水泥制品协会预制混凝土构件分会专家和北方工业大学客座教授等职务。

长期从事装配式建筑设计、生产、施工和智慧工地系统开发工作。曾担任国内首批新型装配式住宅——长阳半岛1号地项目的技术负责人，国内首例装配式高科技电子厂房——西安三星FAB主厂房项目总工程师；创立工业化建筑工作室、中建（天津）工业化建筑工程有限公司和中建正大科技有限公司；主持国家"十三五"重点研发计划课题，获得华夏建设科学技术奖一等奖、北京市青年岗位能手标兵和全国预制混凝土构件行业杰出贡献奖等多项荣誉，参编国际和地标4项，取得国家级和省部级工法4项、专利21项，发表论文十余篇。

管理理念

机遇创造未来，专业铸就品质。

装配式建筑是对传统建造方式的一种有效补充，本身无好坏之分，只存在适不适合。发展装配式建筑到底适不适合自己，首先需要给自己一个准确的定位，然后根据具体情况进行判断。企业发展与管理的经验只有通过自身的努力实践才能获得，进而探索出适合自己的方法和模式，这种经验积累的成果是复制不来的。我们要做的是立足于全产业链高度，从宏观布局，为客户打造全方位服务，为装配式建筑技术发展和整个建筑行业转型升级提供助力。

访谈现场

访谈

Q **在什么情况下，什么原因让您进入装配式建筑这一新型建筑领域？**

A 在装配式建筑发展初期涉猎此新型建造技术，主要是因工作不久参与的2008年的天津亚历山大医药中心项目。项目从管理人员配置和建造标准都是依照美国业主要求进行的，我在项目技术部，负责整个项目五金类材料及安装等相关工作，小小的五金件相关工作却让我对专业的认识更加深刻。举个例子，业主要求门锁系统按照美标进行设计，而当时国内厂家均没有按照此设计标准完成的产品。我自己设计了门锁系统图，并申请了专利，以上经历让我深刻认识到未知的新型领域可能会有不一样的创造力。2010年我被公司任命为第一个装配式住宅项目（北京长阳半岛项目）的副总工，负责牵头项目技术工作，开始从无到有的创造性工作。在此期间发现了很多地方设计不合理，所以萌生了设计施工一体化的想法，也是从这个项目开始，我算正式进入装配式建筑领域了。

Q **从事10年装配式行业您是否建立了一套自己的知识体系？**

A 北京中粮万科长阳半岛项目是我从事的第一个装配式住宅项目，当时

访谈后合影

积累了一定的经验，但仍有很多地方不是很透彻，所以从2011年开始在全国进行调研，北上沈阳参观万科的项目，南下佛山参观生产线雏形，之后又去了上海、南京等在做装配式建筑的城市。经过两年的时间，基本上把当时国内的技术体系都摸清楚了。后来，2013年在西安承接了由韩国人出资建造的三星半导体厂房项目，这是一个装配式的框架厂房项目，与之前的传统装配式住宅项目又大不相同。为此，当时特意赴韩国参观了一下他们的装配式技术，看到当时韩国在装配式建筑行业的发展情况，才意识到在国内发展装配式建筑还有很长的一段路要走。紧接着，为了拓宽眼界，我又赴日本进行了项目考察，并对国外的一些技术体系进行了深入研究。2014年成立了自己的工作室，那时我意识到一个非常重要的问题，装配式建筑是一个系统工程，要做好装配式建筑，就不能仅仅局限在一个项目的施工细节上，而是要从宏观层面去思考装配式建筑的全产业链体系。想要在未来同行中脱颖而出，就需要从设计、生产、施工一体化的角度出发，建立我们自己的设计团队、生产团队和施工团队。全产业链施工体系的理念就是在那个时候建立起来的，我们目前也正在这个理念的指导下逐步去完善这个体系链条。

Q 根据您多年的经验，在转型方面您对其他总承包企业有什么建议？

A 装配式建筑是国家发展到一定程度之后的一种建造模式的变革，是现浇施工工艺的一种有效补充。对于一个施工总承包企业而言，首先应明确企业发展的需求是什么，并结合自身企业的发展特点去转型，不可盲目跟风，为了转型而转型。另外，企业应根据项目的不同情况选择建造模式，比如万达广场那种具有复杂造型的建筑采用装配式建筑无异自找麻烦。

Q 一局发展已成立了自己的构件厂，那么一局发展的构件厂的发展定位和策划原则是什么？

A 一局发展构件厂的发展定位非常清晰，就是为了服务于一局发展EPC总承包模式，服务于上面提到的全产业链条。构件厂在这个全产业链条中发挥着重要作用，第一是提供产品，第二是培养人才，第三是研发未来可能的新体系。一局发展的构件厂力争做到"四最两示范"的战略目标，为京津冀及雄安新区提供优质资源服务。"四最"指"技术最先进、管理最智能、产品最丰富、工艺最环保"；"两示范"指"国家住宅产业化示范基地""中国建筑系统内最绿色环保的现代化生产示范基地"。

Q 构件厂生产线的实际运营状况是怎样的？

A 目前，构件厂内配备了两条自动化生产线和一条固定模台生产线，每条生产线都有明确的生产功能划分。两条自动化生产线其中一条专门面向装配式剪力墙自动化生产，另一条则是具备装配式框架生产能力的自动化生产线，主要是考虑到未来装配式框架结构会有一定的市场占有率，做到未雨绸缪；对于固定模台生产线，主要是考虑制作一些比较复杂或者定制化的预制构件。通过以上配置，可以满足更多项目的生产需求。构件厂设计产能是每年15万m²，实际运行中考虑各方因素，产能控制在每年8万m²的合理区间内。

Q 就目前而言，构件厂的成本回收大概需要多久？

A 构件厂总投资在2亿元左右，按照目前的情况，大概5～6年就能回收所有成本。

Q 通常情况下建造一个构件厂需要多大面积，堆场和生产区的比例如何分配比较合理？

A 一般来讲，占地面积200亩的构件厂，可以设置4～5条生产线，生产区和堆场区比例在1∶4左右比较合理。

Q 构件厂一般配备怎样的生产设备比较合理？

A 构件厂配备什么样的生产设备，一般要根据生产需求进行选择。如果是北方地区做传统的"三明治墙"构件可以参考"一局发展"的构件厂配备；如果定位做公共建筑，可以配备一些做SP板和双T板的生产设备；如果生产楼梯、阳台和外挂板等构件，建议采用固定台模设备；如果生产叠合板和内墙，适合配置自动化生产线。自动化生产线和固定模台生产线没有绝对的适用范围，只有每个生产步骤需求时间差不多，流水节拍基本一致，可以形成流水化生产过程，才能上自动化生产线，否则会出现事倍功半的情况。

Q 对于构件厂的管理思路，您有什么好的建议？

A 坦白讲，我们的管理思路还在探索当中，就组织架构而言，我们参考了很多同类型的企业，但我们深知发展定位不同，一局发展的构件厂是为了施工总承包模式服务的，因此管理思路上又与其他企业不同，更恰当地说应该是对现有总承包管理模式的一种改良。一局发展有自己独特的文化传承，喜欢培养自己的员工，因此工作重心会放在自有员工的培养上。按照这样的方式，我们预计最少还需要2年的时间才能探索出一套更加适合我们自己的管理体系。在这套体系的要求下，我们希望能培养出自有工人和具备实操机械设备能力的管理人员。通过建立一套奖励措施，鼓励管理人员从实操入手提高工厂管理效率，培养并安排自己的员工走上生产关键岗位，发挥对劳务团队的监管作用，保证核心生产技术牢牢掌握在自己手中。后面，我们还会上线智能管理系统，通过该系统合理地分析出我们的产能偏差，并精确地找到问题所在，最终提高整体生产效率。

Q 您认为装配式结构在中国的推进应该走怎样的一条发展道路？

A 对于装配式结构在中国未来的发展，国务院的文件讲得很清楚，政府将国内各个地区和城市做了区域划分，包括重点推进区域、鼓励推进区域等。对于北京和上海等一线城市，装配式建筑项目比较多，与之关联的设计院、构件厂以及施工团队配备也相对完善，工作推进非常容易；但对于三四线城市来讲，由于没有相关的项目经验，产业链条尚未形成，强制推行，必然会出现问题，所以装配式结构还是应遵循因地制宜的原则，根据地方需求逐步推进。日本、韩国以及中国台湾在推进装配式建筑的过程中，也经历了相当漫长的时间，而中国大范围正式推进装配式是从2016年刚刚开始，如果我们立足10～20年之后的视角再去看待装配式建筑，相信大家会变得非常理性。

Q 社会上对装配式建筑有不同的呼声您是怎么看的？

A 对于社会上的种种呼声，我认为应当从不同评价人的立场去看待。目前这个行业参与人员众多，尚处在鱼龙混杂的阶段，因此对于装配式建筑褒贬不一。对于装配式建筑来讲，施工效率和环保节材方面肯定是大幅提升了，这个是不可否认的事实；预制外墙的防渗能力也肯定是提高了；通过反打工艺外墙的瓷砖排列更加整齐；夹心保温设计在墙体内部具有良好的防火性能，以上这些都是装配式建筑带来的实际价值。当然，装配式建筑如果设计不当容易出现批量开裂和构件接缝渗漏的情况发生，因此对设计的要求将大幅提高。目前社会上质疑声最高的就是灌浆连接质量问题，其实这项技术早在20世纪70年代就在美国发明应用了，一直沿用至现在。我认为灌浆质量问题并不是该项技术有什么问题，问题在于对灌浆过程的管理，只有在管理不到位的情况下才会造成灌浆质量问题。世界上没有任何一种绝对完美无缺的结构体系，每项结构体系均有其适用范围，所以我们应客观地看待装配式结构。

图1 中建（天津）工业化建筑工程有限公司

中建（天津）工业化建筑工程有限公司是由中建一局集团建设发展有限公司独资的中国首家装配式建筑全产业链智慧工厂，公司以新型建筑工业化、建筑节能环保与新型建筑材料为核心业务，是集装配式建筑新技术研发、方案策划、结构设计、预制部品制造和安装为一体的综合服务型企业。

1. 厂区布置

厂区分为办公、生活区与生产区，其中生产区为"L"形钢结构单层厂房。厂房内布置6条国内最先进的自动化生产线，包括综合环形自动化生产线、梁/柱自动化生产线、固定模台生产线、自动化钢筋生产线、全自动混凝土生产线、机电自动生产线，可生产各类常规、异形预制混凝土构件以及模块化机电管线。

2-1 清华大学苏世民书院项目

2-2 水立方冰奥场馆改造项目

2-3 北京十里湖光住宅项目

2-4 北京环球影城项目

图2 典型项目

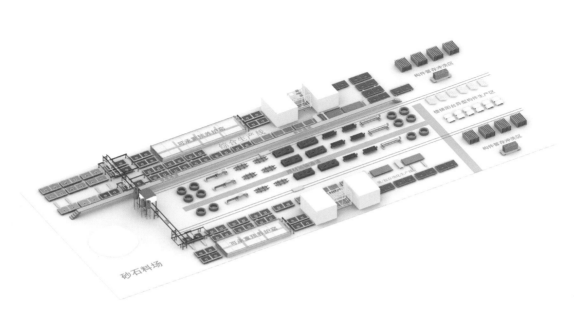

图3 生产线布置示意图

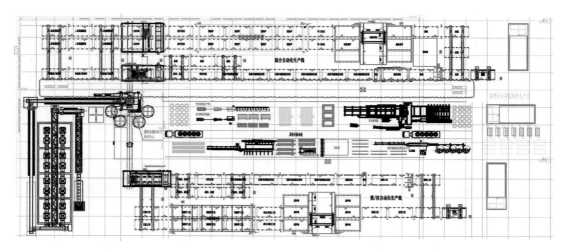

图3 生产线布置示意图（续）

（1）综合环形自动化生产线

综合环形自动化生产线采用固定节拍自动化生产工艺，由驱动轮带动模台顺次经过模台清理、模台喷油、边模安装、钢筋笼安装、预埋件安装、混凝土浇筑、预制构件混凝土预养、构件表面处理、混凝土构件养护等工位实现生产工艺中需要进行两次布料构件（如：预制夹心外墙板）的自动化流水生产。

产品定位：主要生产外墙板、内墙板及叠合板。

效率设计：等节拍式，流水节拍为15分钟，养护窑窑位为39个，模台数量为49块，每天最大净生产时间为12.25小时。本生产线年产能约6.0万㎡。

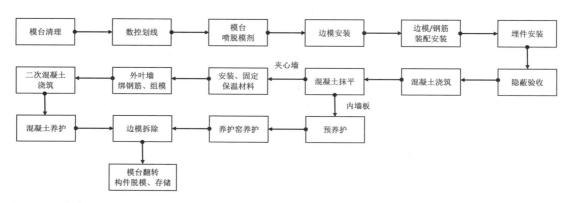

图4 环形自动化生产线工艺流程

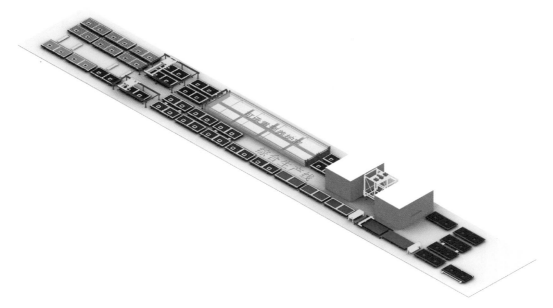

图5 环形生产线布置图

综合环形自动化生产线
特点：
（1）环形流水；（2）等
流水节拍；（3）可以实
现二次布料；（4）构件
自动码垛，集中养护；
（5）划线机布料设备预
留系统接口，可直接模
型导入

图6 综合自动化生产线

脱模剂喷涂机

数控划线机

码垛车和立体养护窑

全自动混凝土布料机

混凝土输料斗

图7　综合线主要机械设备

（2）梁、柱自动化生产线

梁、柱自动化生产线采用固定节拍自动化生产工艺，采用驱动轮带动模台，摆渡车横摆形成环线，实现生产工艺中需要进行一次布料构件的自动化流水生产。为满足大型预制柱、预制梁等构件的生产需求，对立体养护窑进行加高设计，最大可生产截面高度1.4m的梁、柱构件。

产品定位：主要生产预制柱、预制梁，同时兼顾生产叠合板及内墙板。

效率设计：等节拍式，流水节拍为15min，养护窑位为33个，模台需求数量为43块，每天最大净生产时间为10.75h。本生产线年产能约5.6万m²。

工艺流程：

模台清理 → 数控划线 → 模台喷脱模剂 → 边模安装 → 边模/钢筋装配安装 → 埋件安装

构件脱模、存储 ← 养护窑养护 ← 表面拉毛 ← 预养护 ← 混凝土浇筑 ← 隐蔽验收

图8 梁、柱自动化生产线工艺流程

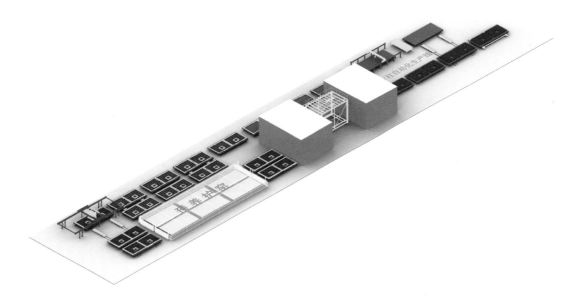

图9 梁、柱生产线布置图

图10 梁、柱自动化生产线

梁/柱自动化生产线特点：
（1）环形流水；（2）等流水节拍；（3）华北地区唯一梁、柱自动化生产线；（4）构件自动码垛，集中养护；（5）预留系统接口，可直接模型导入

（3）固定模台生产线

产品定位：主要生产预制楼梯、预制阳台、PCF构件等。

效率设计：采用原位养护，模台数量为15块，日最大净生产时间为12h。

产能设计：年产量为3万m³。

（4）自动化钢筋生产线

产品定位：主要功能为钢筋原材的切断及弯曲，线材的调直、切断、弯箍、钢筋桁架焊接、钢筋网片焊接及弯曲功能。

效率设计：每天满足500m³预制构件生产的钢筋需求。每天需要钢筋最多达11t，按照现场每天工作时间实行两班制，每天生产时间为12h。

图11　固定模台生产线

图12　自动化钢筋生产线

图13　自动化钢筋生产线

　　自动化钢筋生产线选用先进的钢筋生产设备，具有以下特点：（1）流水作业；（2）自动化作业；（3）设备预留系统接口，可接收BIM模型导入。

数控钢筋弯箍机

钢筋剪切机

钢筋调直切断机

桁架筋焊接机

钢筋网片焊接机

立式钢筋弯曲机

图14　自动化钢筋生产线主要机械设备

（5）全自动混凝土生产线

我们秉承"绿色""环保""节能""智能管理"建设理念，在控制基地废水、噪声、粉尘排放等方面采取有力措施，采用降尘、降噪、回收利用、节能环保措施确保达到"无污染、零排放"，建成花园式生产基地。

搅拌机采用立轴行星式搅拌机，方便多个下料口出料，满足小坍落度混凝土搅拌均匀的需求。砂石料仓应采用全封闭式料仓，绿色环保。生产线采用HZS120搅拌站，每天可生产混凝土500m³。

15-1　搅拌站布置

15-2　搅拌站粉料仓

15-3　搅拌站骨料仓

15-4　搅拌站污水处理系统

图15　混凝土生产线
搅拌站特点：（1）生产废水重复利用；（2）骨料分离，重复利用；（3）降尘、降噪；（4）污水处理。

生产基地将土建与机电相结合，实现土建机电一体化生产，通过前期的研发设计集成，将结构及装修阶段的土建和机电集成生产。

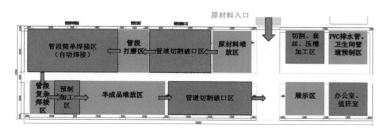

图16　机电自动化生产线平面布置图

图17　机电生产车间　　　　　　　　　图18　机电管线预拼装

（6）三明治夹心预制混凝土外墙板生产工艺

构件模台清理→脱模剂喷涂→模具外边线尺寸划线→外叶板模具组装→外叶板钢筋笼安装→外叶板混凝土浇筑→保温板铺贴→保温连接件安装→内叶板钢筋笼入模→埋件定位校正→内叶板混凝土浇筑及收面→构件养护→构件脱模

19-1　外叶板模具组装　　　　　　　　19-2　外叶板钢筋笼安装

19-3　外叶板混凝土浇筑　　　　　　　19-4　保温连接件安装

图19　三明治夹心预制混凝土外墙板生产工艺

19-5　内叶板钢筋笼入模　　　　　　　　　19-6　内叶板混凝土浇筑

19-7　收面　　　　　　　　　　　　19-8　成品

图19　三明治夹心预制混凝土外墙板生产工艺（续）

2. 厂区智能化管理

公司建立信息化、互联网及人工智能技术的研发团队，为打造全国首家装配式建筑智慧工厂，提升装配式建筑的精益建造水平而进行不懈努力。

（1）厂区智能化管理

厂区智能控制中心103.5m²，设置生产线实时视频和实时监管生产进程大屏幕显示系统，并显示和统计结果。同时在生产线、厂区入口、办公楼入口设置信息发布系统，系统可播放各种视频、图片、文字等多媒体文件，能实现各类常用网络信息播发功能，可按需求在中控屏进行展示，方便管理人员实时掌握厂区关键信息。

图20　厂区中控屏

（2）无人化厂区管理系统

　　系统关键模块包括：门禁、迎宾系统、车辆识别+人工智能技术、围墙电子围栏+人工智能技术、生产车间管理与人工智能技术的融合进行考勤和车辆管理、生产车间工人安全帽、烟雾识别人工智能技术、生产线工人姿态识别等。

图21　AI烟火检测和识别

（3）AI技术应用

装配式建筑质量很大程度上取决于预制构件的质量，高质量的构件产品是高品质装配式建筑的必要条件。预制构件采用工厂化生产，与现场浇筑相比，构件质量有明显提升，但由于人、料、机等因素的影响，同样的构件也会有较大的差异。我们研发的智能生产管理系统，可以最大程度上降低人为因素的影响，提高生产效率和构件质量，降低过程管理难度。

材料储存识别人工智能技术

通过对材料信息识别和对机具设备的半自动控制，实现对材料存量和位置信息以及机械设备工作状态等的实时监控管理。原材料粗细砂、碎石存储采用将原材料运输至卸料点，通过传送带将原材料运送至料仓内，避免了人为原因导致的卸料存储位置错误，同时对材料存量、位置及设备工作状态进行实时监控管理。

钢筋加工分类储存识别人工智能技术

根据箍筋类型采取分类堆放的方式，大幅提升了拣选效率，降低了人工消耗，有利于促进工厂整体劳动生产率的提升。

生产线工人姿态识别

通过人的姿态来判别行为，识别工人在生产线上是否为安全施工，可以提高工人的生产效率，监测工人的行为安全。

图22　工人姿态识别

模台边模位置比对验收智能化管理

根据预制构件类别，将边模图形导入到系统中，采用摄像头进行比对，同时在检查工位设置摄像头进行比对验收，同时降低了人工消耗，提高了劳动生产率。质量验收人员定期岗位巡查。

特殊工位智能化验收管理

使用摄像机按照自动化流水线的流水节拍对混凝土浇筑前的验收工位的验收人员定期巡岗，监

图23 模台边模位置比对验收

图24 特殊工位智能化验收管理

督混凝土浇筑前的岗位验收人员固定时间段的到位情况，确保预制构件生产过程中的质量管理，提高预制构件生产质量水平。

生产车间烟雾识别

生产线固定工位，当发现工人采用违规操作、违规焊接等工序时，只要在对应摄像机视野范围内检测到烟雾就会提示违规，接收端会进行报警提示。

预制构件智能统计技术

在翻转工位之后，生产线工序的最末端，采用图像识别技术进行采集加工制品统计，对生产的制品进行分类统计。

ERP人工智能管理

预制混凝土生产过程中采用ERP管理系统，在生产过程中集成管理，管理过程全程反馈在中控室显示端上，主要功能：获取BIM数据，形成材料

图25 混凝土构件分类统计

BOM表，编排生产计划，下达生产任务，控制流程，提供决策报告表，同时对构件生产过程进行全过程控制，随时可以将构件的存储、运输、安装以及生命周期进行全过程监督管理，有效整合并协同管理整个企业的人财物资源。

3. 服务于总承包的智慧工厂管理模式

工厂立足于建筑工业化领域全产业链覆盖的战略布局，综合企业现状，业务范围覆盖投资、咨询、设计、生产、施工等内容，产业链条的完备性使得已具备强大施工实力的一局发展在EPC总承包项目中具备承揽装配式设计和预制构件生产的能力。业务链条做到环环相扣，紧密相连，从而充分发挥各业务团队的能力。通过高效协作，实现工程高质量、高效率和高产出的目标。

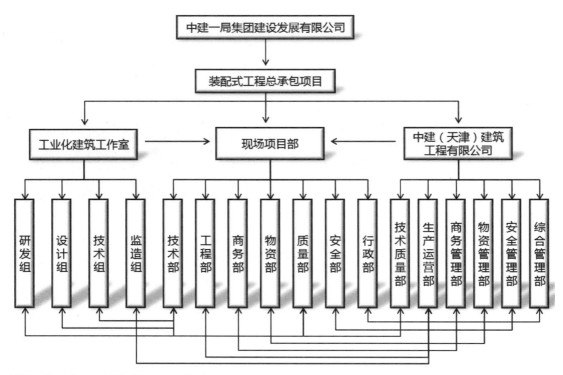

图26　装配式工程总承包项目组织架构图

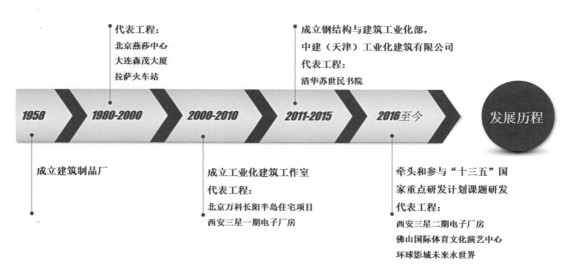

图27　工业化团队发展历程

团队合影

团队小档案

单　　　　位：中建一局集团建设发展有限公司

工 业 化 系 统：钢结构与建筑工业化部　工业化建筑工作室　中建（天津）工业化建筑工程有限公司

中建（天津）工业化建筑工程有限公司地址：天津市武清区京津科技谷

部 门 职 能：工业化项目投标　履约管理　技术研发管理

工 作 室 业 务：装配式建筑工程设计　生产和施工技术服务　新技术研发

构 件 厂 产 品：预制墙板　预制柱　叠合梁　预制外挂墙板　市政构件　UHPC构件　艺术混凝土饰品　模块化
　　　　　　　　机电管线等

部 门 核 心 团 队：王　龙　吕雪源　刘　强　田　毅

工作室核心团队：李　贝　刘静竹　姚博强　杨嘉伟

构件厂核心团队：李永敢　尹　硕　王俊飞　田敬伟　王志勇　杨华东

整　　　　理：刘　潇

任成传

北京市住宅产业化集团股份有限公司副总经理，北京市燕通建筑构件有限公司执行董事、总经理，工程师，兼任中国混凝土与水泥制品协会预制构件分会副理事长、北京市建设工程物资协会装配式建筑与墙体分会执行会长。

参与建设具有国内领先水平的北京市第一条装配式建筑构件生产线和国内第一条游牧式预制构件生产线，组织开展套筒灌浆关键材料与施工技术研发，带队研发的"装配式构件生产信息管理系统"、纵肋叠合剪力墙构件达到了国际先进水平。

发表《结构装饰保温一体化预制外墙板制造关键技术》《装配整体式混凝土剪力墙结构预制构件生产工艺研究》《ERP、MES在装配式建筑构件智能制造中的应用》《纵肋叠合剪力墙在丁各庄公租房项目中的应用》等文章。他带领的燕通团队蝉联装配式构件十强企业，荣获"2017中国土木工程詹天佑奖优秀住宅小区金奖""华夏建设科学技术奖""苏博特杯"混凝土与水泥制品行业技术革新奖一等奖；获"北京城市建设与管理职教集团校企合作先进个人"荣誉称号。

管理理念

装配式建筑的爆发式发展，并非是建筑技术进步的"水到渠成"。实施"稳健发展、科学管理、创新品质、持续改进"的核心战略，以新技术、新工艺、新材料、新设备为支撑，坚持以人为本，体系支撑，创新引领，行稳致远的发展理念，探寻装配式发展新趋势，以"质优、价实、服务好"的品牌优势促进装配式建筑行业的技术升级。

访谈现场

访谈

Q 介绍一下您个人的教育背景跟工作经历？

A 我读书是在南京化工大学，学无机非金属材料专业。毕业之后，进入北京市政集团下属生产预应力混凝土桥梁的单位工作。

市政用的桥梁大部分都是装配式的，当时做了很多北京环线立交桥的预应力梁。工作三年后转到了软件行业，在中科院计算所下属的一家软件公司做程序员，那时候，个人对软件也比较感兴趣，在软件开发领域一干就是五六年。2010年又回到了预制构件行业，把原来软件行业所学的东西应用到了预制构件工厂的工作中，在生产管理上做了一些信息化的工作。现在燕通公司的信息化系统（PCIS），都是在这个时期，由我牵头开发的。现在想来，软件行业的从业经历成了工作上的优势。将信息化技术与预制构件生产相结合，能够助力装配式预制构件的发展。

Q 北京构件厂很多，燕通公司的主要优势和特色有哪些？

A 2013年8月，为加速推进北京市保障性住宅建设、践行住宅产业化理

在建设工地

念，由北京市政路桥集团和北京市保障性住房建设投资中心两大国有企业，合资组建了燕通公司。2017年4月，北京市住宅产业化集团股份有限公司收购了公司全部股权。我们的主要业务除了PC构件生产制造，还包括深化设计、新产品新技术研发、灌浆技术服务、咨询培训和信息化管理服务等业务内容。

现阶段燕通公司具有两个优势：一个是规模；一个是创新。因为规模效应对生产性企业来说十分重要，摊销使产品单位成本降低，竞争力变强。另外，有了规模，就能吸引更多的专业人才，众多人才的加入便于集思广益，进而推动技术创新，更有利于开展工艺优化、技术提升方面的工作。所以说，规模和创新对于我们来说是至关重要的。

燕通公司成立的时候，北京市保障性住房建设投资中心对装配式建筑非常重视，燕通公司有订单量的保障。尤其是初创时的几年，当时，我国的装配式建筑鼓励政策还没有完全落地，燕通公司是依靠股东的项目培养与发展起来的。在创新方面，除了初创股东对我们的大力支持外，北京市有专项资金进行课题支持，燕通公司也坚持了大力度的研发投入。我们当年的创新在近几年陆续见到了成效。我们与中国建筑科学研究院合作，进行了中国绿色建委和科技部重点项目研究，也承担了北京市科委的一系列新型墙体、新工艺、新技术的攻关研究项目。这些成果在实际应用中，取得了良好效益。

Q 您对整个装配式行业有什么看法？

A 在建筑行业中，我们缺少的是产业化技术工人，是干活的人。现在大部分人都想当管理者，工地上经常出现的现象是，两人干活，围着七八个人指挥，监理、包工头、施工技术、业主，都在指挥，还嫌干得慢！建筑行业是个特别的行业，工作环境确实比较恶劣，入行的工人越来越少，从业工人的年龄也在逐年增长。装配式行业的任务就是把相当量的现场作业转移到工厂，不断改善工厂的工作条件，让工人愿意在这里工作。从这个角度来说，装配式建筑的发展应该是不可逆的。

Q 对燕通公司未来的展望？

A 燕通公司成立于2013年，到现在已经经历了8年的发展，从本部昌平有一个基地已经扩展到八个，年生产能力达50万m³以上。从成立以来，我们经历了三个阶段：2014～2016年这三年可以用齐秦的歌《独行》来形容，这期间预制构件厂比较少，我们独自摸索前行；2017～2019年这三年可以用羽泉的歌《奔跑》来形容，快速发展、持续创新、提升产能；2020～2022年这三年应该用张杰的歌《高飞》来形容，在稳定发展的基础上，创新变革、技术升级、研发突破，在预制构件领域更上一层楼。

目前燕通公司正努力推广创新研发的各类产品体系，让整个社会都能得到收益，这既是我们的重点发展方向，也是我们发展的动力。我们研发的纵肋叠合剪力墙技术、智能制造技术、机器人设备都是我们面向社会的推广内容，与行业内的伙伴们分享技术带来的效益。

燕通公司的业务形态比较单一，今后将发展一些新的业务领域，比如装配式装修、构件安装、钢筋配送等。

在业务的拓展上，我们也会做大规模，将推动云工厂概念的实施。就是说，在特定项目所有信息基础上，通过某种算法，在各厂间自动分配做到资源配置的最优、运输距离最短、产能分配最佳等，降低碳排放，助力早日实现碳达峰和碳中和的目标。

我们在做装配式建筑时的初心就是"两提两减"，提高质量、提高效率、减少用工、减少污染，我们的工作都是围绕着这个理念展开的。

Q　对整个装配式行业有什么好的建议？

A　公司成立之初，我们提出口号"预制梦想，装配未来"，这句话既是我们的口号，也是对装配式预制混凝土行业的祝福。我们要把装配式的未来当作我们砥砺奋进的梦想，不断超越。

我希望装配式行业的发展方向有这么几点：

一，强化企业责任担当。具体说就是，设计强，做设计牵头的EPC；施工强，做施工牵头的EPC；厂家也要强，厂家也可以牵头。EPC是总揽全局的，需要有全局观，从全局来考虑优化项目，我觉得这是最重要的。现在行业的状态是，各环节割裂，各说各的话，各想各的利，这种现象问题很大。

二，赋能个性化标准。在生产中，虽然我们强调设计的标准化，但有时候个性化也是必要的。我提过一个说法："标准化的个性化定制，个性化的标准化生产"。设计师做个性化设计，到构件厂形成标准化的流程生产，用标准化来完成个性化的定制。我们做的一个项目，软件做了一个楼梯的设计插件，给定13个参数：楼梯的宽、层高、踏步数量、踏步的面宽等数据，输入后就能直接出图纸，通过简化的流程，能够确保数据准确性和出图效率。把模具研发制成各向可调，大大降低了模具的成本摊销。

三，遵守经营原则。燕通公司在生产经营中，始终遵循"质优、价实、服务好"的品牌理念，持续加大科技创新力度，强化企业文化建设，不断提升生产与服务水平。装配式行业的工作，通常以多方合作的形式进行，这要求我们要诚信经营，创造优质产品；在合作中要能够换位思考，站在对方角度想问题，同时还要心怀感恩，面对问题时，以宽容心态应对，齐心协力。

图1　燕通公司厂区

　　燕通公司核心业务涵盖深化设计、新产品新技术研发、PC构件制造、装配式装修、灌浆技术服务、咨询培训和信息化管理服务等七个板块。自主研制出"PCID预制构件身份证技术"和"PCIS装配式构件信息管理系统",给预制构件定制了"身份证",通过现代网络技术、远程通信技术和云存储技术,实现了"预制构件工程信息、质量控制信息、储运和安装信息"的精细化、网络化、数字化管理,为装配式住宅全生命周期管理打下了基础。

　　燕通公司本着"质优、价实、服务好"的品牌理念,以"国家装配式建筑产业基地"为契机,持续加大科技创新力度,强化企业文化建设,不断提升生产与服务水平,力争成为国际一流的装配式建筑部品制造整体解决方案供应商。

PC构件制造　　　　　　　　新产品研发

信息化管理服务　　　　　　安装灌浆服务

深化设计咨询　　　　　　　建厂管理咨询

装配式装修

图2　燕通公司核心业务

1. 基础设施及工艺介绍

（1）自动化生产线

燕通公司现有自动化流水线20余条，建设了北京市第一条装配式建筑构件自动化生产线。流水线可同时生产叠合板、内墙板等水平构件，每一步都在固定工位操作，完成后通过循环模台输送到下一个工位，降低工人劳动强度，并能实现集中蒸养，节省成本，提高效率。

图3　北京市第一条装配式建筑构件自动化生产线

公司拥有固定式模台生产线近40条，各规格模台近2000张，工艺通用性强，适合多种不同的混凝土构件生产，尤其是异型件的生产。不受作业时间限制，适合工序复杂、工序作业时间长的混凝土构件生产。

（2）轻质隔墙生产线

该生产线依托科技部"十三五"国家重点研发计划项目《工业化建筑部品与构配件制造关键技术及示范》，采用工业设计理论和模数化、标准化设计方法，深入开展工业化建筑部品与构配件的全过程数字化加工生产、一体化成型、产品管理控制等关键制造技术，对隔声、装饰一体化预制内

图4　固定式模台生产线

隔墙高效自动化生产进行示范。生产线包含轻质隔墙低收缩泡沫混凝土制备、浇模制作、温控固化、开模脱模、蒸汽养护、包装成品入库等工艺过程所配套的高效自动化生产设备，不仅大幅提高了部品与构配件生产制造效率，还提升了部品模块化、系列化、标准化和构配件标准化制造技术水平。

图5　轻质隔墙生产线

（3）立模生产设备

成组立模PC生产设备采用成组立模成型技术，模块化控制，实现新型PC大墙板的工业化生产，极大提高生产效率，减少占地面积，生产车间面积是传统平模法生产车间的1/3。成型墙板几何尺寸准确，生产灵活。自动化程度高，节省人工，降低劳动强度。满足高品质、自动化、大规模生产的要求。

（4）保温板裁切生产设备

保温板自动裁切：软硬件相结合，软件实现保温板最优化切割，减少浪费；调整目前机床裁切

图6 成组立模PC生产设备及产品

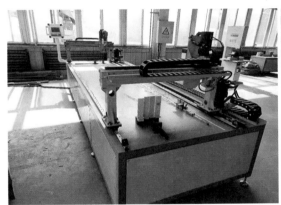

图7 保温板裁切生产设备

方式并提高机床裁切效率，增加环保设施。软件对每块构件的保温板编号命名，方便现场拼装，生成点位图以数据表的形式发送至切割机，进行精准化切割。

（5）模具生产设备

燕通公司拥有激光切割机多台，利用激光切割机进行模具制作，不仅实现了对各种复杂样式零件的精准下料，提高了模具制作水平，还通过合理的切割排版，实现了对材料的最大化利用，节省了模具的制作成本。利用BIM技术参数化出图，提升了模具设计水平。

节省切割时间：硬切割速度比手动切割稍快，主要节省了切割图案定位点的测量时间。整个钢板切割图案布置好后，可以同时直接输出所有工件。图形类型越复杂，切割就越需要节省机器时间。

提高切割精度：数控系统控制的数控切割机的切割过程始终保持一致的速度，控制精度可以达到±0.2mm。

切割材料的最大利用率：数控切割机价值的主要体现之一，可以有效地节省材料成本，废料可以得到有效利用。

图8 激光切割机

（6）钢筋生产设备

网片焊接机：通过CAD图纸导入，识别网片尺寸、间距等所有参数，根据网片参数，网片钢筋可自动调直切断、摆放到位，并实现高效、连续焊接。该设备可加工带门窗网片、L形、U形、Z形网片，主要应用于公司生产的PCF板、夹心保温外墙板、叠合板等预制构件，满足预制构件多样化的网片需求，有效提高了预制构件的生产效率，该设备仅需1人操作，可替代钢筋绑扎工人10人，大大降低了钢筋加工绑扎成本。

封闭箍筋自动对焊机：该设备通过水平链条将钢筋快速传送到对焊电极，对焊电极通过气缸上下压紧钢筋，完成钢筋整形并进行箍筋对焊，焊接完成的钢筋传送至钢筋收集箱中码放整齐。整个焊接过程形成流水工作，1分钟可焊接封闭箍筋12根，1套设备仅需1人操作，封

图9 网片焊接机

闭箍筋单位加工量相当于4台传统对焊机之和且对焊合格率高达95%以上。1台设备1天可加工封闭箍筋4000余根，有效降低了封闭箍筋的加工成本。

全自动钢筋绑扎机器人，由布筋装置、机械臂、3D相机、全自动绑扎手等部分组成，结合3D成像、机器视觉、机械臂控制、PLC等技术，实现了立模钢筋笼的布筋及自动绑扎。显著提高钢筋绑扎环节的效率，操作简便，减少人员投入，降低人工成本。

图10　封闭箍筋自动对焊机

图11　全自动钢筋绑扎机器人

（7）构件储存场地

燕通公司的八个生产分部具有大面积的构件存储场地，合计存储场地达50万m²，以满足项目供货需求，保障项目进度。

图12　燕通公司构件存储场地

图12　燕通公司构件存储场地（续）

2. 核心技术成果展示

（1）预制构件信息化管理集成技术

在经历了我国预制构件发展的各个阶段后，燕通公司开始运用计算机及网络技术对预制构件生产进行控制与管理，开发了装配式构件信息管理系统（简称PCIS）。PCIS是贯穿装配式建筑构件设计、原材料采购、构件生产、物流、安装以及后期维护的构件全生命周期的计算机信息管理系统。

成本控制：PCIS成本控制以项目核算为核心，BIM技术的应用可快速地为每一种构件生成物料清单（BOM），系统提供项目理论成本的自动生成功能，每月物料自动摊销，成本自动归集，自动分析项目理论成本与实际成本差异，为成本控制提供了强大的工具。

采购控制：PCIS根据施工进度计划，自动生成物料需求计划（MRP），辅助生成采购计划。每月自动对实际采购与需求计划进行对比分析，为采购控制提供数据支持。

进度控制：PCIS可快速生成项目施工形象进度计划，根据实际施工进度，自动对总体施工形象

图13　PCIS装配式构件信息管理系统平台界面

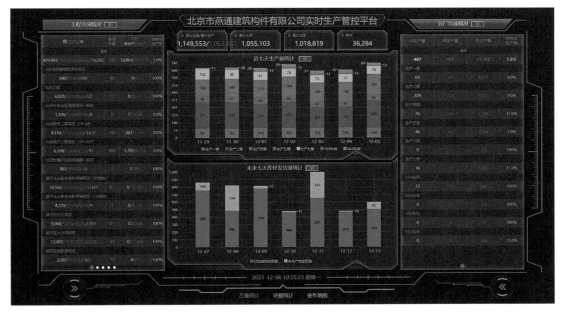

图14　实时生产管控平台

进度计划进行调整，可直观对比构件生产实际进度与施工进度。在施工进度计划经常改变的情况下，适时调整构件生产进度。

科学排产：科学排产是构件生产企业生产计划的核心，既要满足现场施工进度的需求，又要考虑到固定台模、侧模的数量，存储厂地的限制以及实际操作过程的灵活性。PCIS提出了任务池方式的弹性任务自动规划模型，系统自动规划匹配固定台模、侧模与任务，并给出具有弹性的优化任务计划，大大提高了生产任务安排的科学性与效率。

钢筋下料：通过BIM技术应用，可计算出每种型号的装配式建筑构件钢筋实际下料尺寸与具体形状，提供给相应的设备相关参数，使得钢筋加工严格按照生产任务单加工、生产任务单领料成为可能。大大提高了钢筋加工效率，减少了钢筋半成品库存，降低了钢筋损耗率（从原有的2.5%损耗率降低到0.5%）。

PCIS与无线互联网：PCIS为每一块建筑构件安装了一个RFID芯片。通过手持终端可读取芯片信息，同时手持终端通过无线互联网将信息实时传递给主服务器，实现了建筑构件生产信息实时反馈，质量可追溯到每个负责人，生产进度更加及时准确，使得大规模、多项目、多分厂建筑构件生产模式成为可能。

成品库存管理：存储厂地是制约建筑构件生产的重要因素。PCIS成品库存管理为每一块建筑构件设定了库位信息，大大提高了构件装车效率、减少差错；系统设定了动态库区的概念，为每一个库区设定库容。通过库容率指标反映成品库存情况，及时调整生产节奏。

生产自动化：PCIS生产任务单的基本单元是每一块建筑构件，包含每一块建筑构件的构造信息与生产计划。系统提供了接口数据可与各类自动化设备对接，完成生产自动化。

质量管理：PCIS提供了预制构件质量缺陷库，归纳了预制构件质量通病，为生产及质检提供了重要参考，使质量缺陷的追溯和数据挖掘分析成为可能。

试验管理：PCIS提供了预制构件通用的试验表单及试验取样控制流程，大大提高了工程试验及数据处理的效率，使合格证的生成更为科学、方便、准确。

针对预制构件企业管理痛点，以提高生产效率、提高产品质量、降本增效为目的，以预制构件身份数字化技术（RFID技术）为核心，将预制构件深化设计（BIM技术）、生产制造和运输安装管理（MES系统）、企业资源管理（ERP系统）等众多管理要素进行了流程再造和信息化集成，实现了产业链企业信息化管理和智能化生产的高度融合，对于解决装配式构件型号众多和数量巨大造成的差错率大、产业链企业信息流不畅造成工期不可控、集团企业计划安排困难、产品质量可追溯性差、产品储存、运输和安装等管理问题具有示范意义。

（2）多样化外饰面

清水混凝土：直接利用混凝土成型后的自然质感作为饰面效果的混凝土。可分为普通清水混凝土、饰面清水混凝土和装饰清水混凝土。装饰清水混凝土表面形成装饰图案、镶嵌装饰片或彩色的清水混凝土。

开发了多样化装饰饰面：金属板（铝板）；防火木、重组木；纳米中空玻璃涂料、玻璃（光伏）、瓷板、陶板；水泥纤维板仿多种效果（清水混凝土、古砖、石材等）、石材等饰面材料。借

图15　预制外挂板

图16　预制外挂板

鉴干挂、幕墙等方式，实现连接方式的标准化、通用化，取消外叶板，采用高效A级保温材料（减薄），实现外饰面可更换。

（3）装配式内装修

装配式装修模块化隔墙集成了支撑构造、填充构造和成品饰面层，集成了设备带并预留水电点位标准接口，具备防火、隔音、耐冲击性能要求；工厂制造，现场直接拼装，省去多道复杂工序，施工速度快；作业环境友好，无污染、无垃圾，集成化程度高；接口减少更加通用化，减少空腔占用面积，敲击踏实无空洞；饰面多样化，可兼容壁纸、壁布、PVC膜、陶瓷等行业内所有饰面材料；满足居住舒适安全、健康环保等基本功能；满足个性化、可拆改的需求。

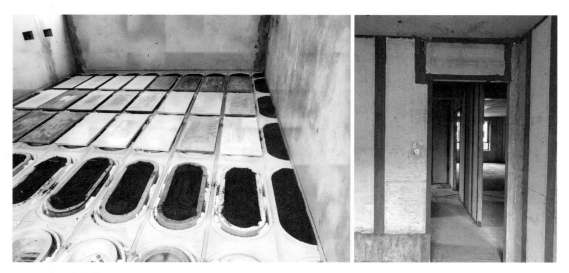

图17　装配式内装修

（4）代表性技术：纵肋叠合剪力墙体系

纵肋叠合混凝土剪力墙：采用工业化生产的纵肋空心墙板、夹心保温纵肋空心墙板、叠合板、阳台板、空调板、楼梯等预制构件，通过现场装配，与现浇混凝土的有效结合、可靠连接形成的装配整体式混凝土结构。

夹心保温纵肋空心墙板：由预制的混凝土外叶板、保温板、混凝土内叶板及中间支撑连接混凝土纵肋组成的空心预制构件。一层竖向筋和水平筋位于内叶混凝土板内，另一层竖向筋和水平筋位于保温板内侧内叶混凝土板空腔内。

图18　纵肋叠合混凝土剪力墙

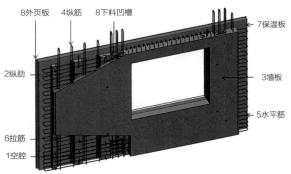

图19　纵肋叠合剪力墙演示图

纵肋叠合剪力墙优势

技术安全合理：通过墙板空腔内搭接钢筋和后浇混凝土形成整体结构，钢筋配置方式与国内现行规范要求基本一致；通过中国建筑科学研究院实验研究证明，该体系的抗震性能与现浇结构基本一致，完全可以满足国家现行标准要求。

免灌浆套筒：节省材料，减少施工程序，无套筒灌浆验收和安全担忧。

自动化生产，生产设备投资低：可充分利用现有自动化流水线，配合墙板成孔专利技术，实现自动化生产，无需其他的设备投入。

施工便捷，工期缩短，质量可控：安装过程便捷，无需复杂操作；现场基本实现少模板、少支撑；与现有技术相比，对工人技术要求不高，更适应于现阶段的施工管理水平；易于质量管控和验收。

降低成本：与现有技术相比，实现同样的建筑功能前提下，每平方米成本可降低150元左右。

纵肋叠合剪力墙在丁各庄公租房项目中的应用

丁各庄公租房项目位于北京市通州区宋庄镇丁各庄村。主要功能由公租房、增配商业、居住公服、幼儿园、地下车库组成。总建筑面积30.75万m²，其中地上总建筑面积约16.7万m²，地下总建筑面积约14万m²，总工期955天。本工程项目共15栋公租房，总户约为2197户，均为二梯七户塔式高层，15栋公租房平面布局均一致，户内装修全部采用装配式装修，外墙装饰1～4层为保温装饰一体板，5层以上为瓷板反打饰面。结构形式为装配式混凝土结构。

该新型体系因优势明显，在丁各庄公租房项目中得到规模化应用。该体系特点为：（1）采用竖向受力钢筋在特制空腔内搭接连接，避免套筒灌浆连接；（2）外墙可结合保温、装饰一体化生产，有效降低维护成本；（3）体系整体性能良好，适用于80m以下高层建筑；（4）投资少，经济效益好，与套筒灌浆链接剪力墙相比，结构安装施工成本每平方米降低150元以上。

图20 丁各庄公租房项目

（1）利用纵肋叠合剪力墙结构自身特点，采用大尺寸纵肋空心墙板布置方案和墙板标准化设计技术，可有效降低预制墙板规格，提升了建造效率，降低了建造成本。

（2）竖向连接节点采用环形竖向受力钢筋在特制空腔内搭接连接设计，避免了套筒灌浆连接安装、检测困难等问题和叠合剪力墙等体系后插筋定位困难、存在搭接间隙、搭接长度等问题，保证了结构受力安全，提升了墙体安装效率。

（3）采用瓷板反打饰面预制外墙生产技术，可利用现有设备，快速投产，降低了前期投资成本，实现了装配、保温与结构同寿命，降低了后期维护成本，同时丰富了饰面效果，提升了装配式建筑的表现力。

（4）在运输、存放过程中，采用专用存放架、垫块、木质护角装置等多种措施，有效避免了墙体、瓷板的磕碰损伤，明显减少了预制墙板返厂率。

（5）通过安装机具开发，底部接缝封堵、预制墙体精确定位安装、后浇混凝土密实浇筑等专项工艺研发，形成高效施工技术，有效提升了新体系的施工安装质量和效率。

3. 工程项目展示

图21 马驹桥公租房项目

国内首个全部住宅均采用装配式剪力墙结构、装配式装修的保障房小区。首次在预制构件内植入RFID芯片，可动态查询每个构件的信息。首个全部清水混凝土外立面小区，已建成的最大规模装配式住宅小区。

采用装配式剪力墙结构、装配式装修的保障房小区。国内首个真空绝热板预制三明治复合外墙板项目。该项目达到了四天一层的施工进度。

图22　温泉公租房项目

图23　郭公庄一期公租房项目

国内首个开放街区、装配式剪力墙结构、装配式装修的保障房小区，全面应用燕通公司自主研发的PCIS系统，预制构件14类，638种规格，13550块，混凝土方量9000m³。

燕通公司承接的最大单体项目，构件方量达到了74400m³。

图24　台湖公租房项目

图25　北京城市副中心住房项目

该项目应用了燕通公司自主研发的专利技术——瓷板反打技术和硅胶模反打技术，该项目构件总体方量达到了108700m³。

该项目为高层建筑，其中的装配式被动房建筑首次应用了公司自主研发的超低能耗外墙板。项目构件方量达到37900m³。

图26　焦化厂公租房项目

该项目为别墅区项目，分为洋房、叠拼两种形式，构件方量达1.3万m³。

该项目为碧桂园商品房项目，构件方量约1.8万m³。

图27　中海地产北京公司丽春湖别墅项目

图28　延庆碧桂园项目

燕通公司团队介绍

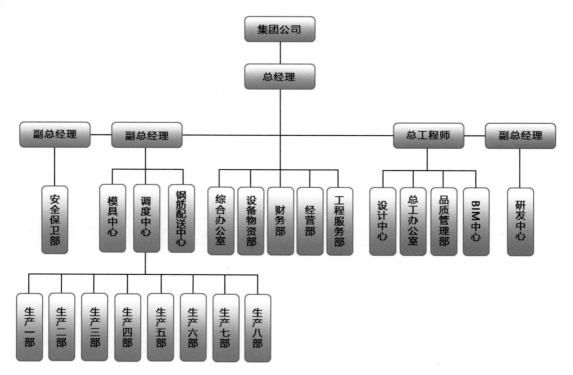

图29　燕通公司组织架构图

燕通公司领导团队

燕通公司员工团队代表

　　燕通公司下设经营部、调度中心、模具中心、钢筋配送中心、品质管理部、设计中心、研发中心、BIM中心、工程服务部、总工办公室、设备物资部、财务部、安全保卫部、综合办公室及8个生产分部共计22个部门。公司严抓质量关，求信誉、谋发展，通过对员工技术教育和知识培训，强化公司全员的综合素质，打造出一支素质高、年纪轻、活力强的燕通队伍。

吕胜利

金强（福建）建材科技股份有限公司PC事业部总经理。装配式专家，安徽建筑大学建筑工程管理专业毕业。现任国家装配式建筑产业技术创新联盟专家委员、中国建筑学会建筑产业现代化发展委员会理事、福建省建筑产业现代化专家库专家、福建省装配式建筑产业现代化协会副秘书长等社会职务。自2008年加入西伟德（合肥）预制构件有限公司后，开始从事预制混凝土构件生产，多次赴德国学习、交流预制构件自动化生产线，对相关生产设备、技术体系、信息化应用及生产管理深入研究，结合国内实际情况及需求，与国内知名厂家制定相关生产流程、配套生产设备。参与《工厂预制混凝土构件质量管理标准》《钢筋桁架混凝土叠合板应用技术规程》《预制混凝土墙板工程技术规程》《装配式混凝土连接节点构造》《装配式混凝土结构工程施工及质量验收规程》等标准、图集的编制；参与安徽省首栋装配式高层建筑——天门湖公租房4#楼项目，负责预制构件生产及现场构件安装指导。后续参与龙湖香缇郡、泉州图书馆、福州市附一医院等项目的预制构件生产。

管理理念

EPC总承包是装配式建筑的发展方向；从业人员素质的提升是产业发展的关键。

工厂建设遵循：根据本地市场需求，结合企业自身实力，适当超前。

运营理念：安全第一、质量第二、产量最末。品质、服务创品牌、出效益。

访谈现场

访谈

Q 请简单介绍你是如何进入装配式混凝土建筑行业的?

A 我从建筑技校毕业后,便从事工业设备安装工作。1996年,进入上海的外资总包公司,从事了三年多的工程总承包工作,主要负责机电方面的工作。2008年年底,我加入合肥的西伟德(原德国工厂),开始做混凝土预制构件,至今从事混凝土预制构件的工作已经有13年。

Q 现在的市场竞争很激烈,有很多同类型工厂,金强PC事业部的竞争优势是什么?

A 产品的多元化是金强PC事业部相对其他公司的优势。我们的产品涵盖房建构件、市政交通构件、市政管廊构件,如桥墩、盖梁、梯梁、地铁逃生通道、市政管沟等。除了房建中运用的普通纯混凝土预制构件外,还创新研发了陶粒混凝土预制构件,主要目的是减重,提高建筑载荷,当然也有控制成本的考虑。

Q 简单介绍一下金强PC工厂的信息化管理。

A 我们的系统是以三一重工的PCM管理系统为依托的。三一的第一条生产线建在福建，我参与了它的定型等很多工作，这套系统可以满足金强PC工厂的基本使用。

在德国工厂工作时，我也使用过当时行业内最高端的信息化管理系统，它有很多优点：一是可以实现数据的无缝对接，从设计端把设计数据传给主控电脑，主控电脑把数据拆解以后，传送至制模机械手；二是可以把数据传输给钢筋加工设备，不需要人工布置模台，实现完全自动化，通过智能化分析可以将模台的利用率最大化；三是可以实现自动堆板，无需人工操作；四是生产完成后，可以将生产结果的信息反馈给主端，主端和项目工地实现数据共享。这样工地上就可以实时获知该生产构件入库的时间点，以便更好地掌握施工节奏，合理安排施工时间，缩短工期。

但是，这套系统要在中国的PC工厂使用，目前并不是最适合的。一方面是因为中国建筑业的人口红利依然存在；另一方面，真正制约我们构件生产的问题，并不在生产，而在前端设计的标准化。

我们所有的部品部件很难真正达到完全符合建筑模数0.3。比如我们的开间尺寸往往因为手工抹灰、换线不准、墙体砌筑的精度问题等而出现高误差，而预制构件装配式的施工，能够很好地解决这个问题，只需要保证安装精度、模数化，即可控制在2mm/m的误差内。

当然，目前我们的构件厂实际的自动化程度仍然偏低，95%以上的构件厂还是以人海战术作业。能够真正像德国一样，一条生产线仅八九个人操作的，目前国内还没有。

在工厂管理方面，从2009年在西伟德（合肥）当构件厂的厂长开始，我的管理理念就是三个关键词——安全、质量、效益。为什么？因为金强PC工厂在生产一线操作的工人还是劳务工，劳务工的报酬一般采用计件方式，在这种计酬方式作用下，很容易出现生产过程中的质量问题、安全问题。所以我的管理理念定位很清晰：安全、质量、效益。对我而言，目前最重要的不在于是否使用高端的系统，重要的是人员的责任心和不断提升的素质。

Q **你认为目前发展装配式建筑工业化最大的问题是什么？**

A 从我的角度来说，目前我国装配式建筑工业化遇到了三大问题：第一，设计缺少工业化思维。设计人员没有转变思维，没有在设计初期就以工业化的思维方式指导设计，受制于传统思维。换句话说，就是设计的标准化目前仍未实现；第二，产业工人素质有待提升。我们现在自有工人很少，有的是曾在工地打工的劳务工，有的甚至还不如工地的劳务工；第三，优质优价概念

访谈现场

的缺失。优质优价是市场经济的基本要求，价格和品质是成正比的，就好比想坐奔驰，就不能只出一辆低端车的价格。

除了以上三点，还有一些问题也值得我们思考。一是对装配式预制混凝土构件不同饰面基面的处理问题，装配式预制混凝土构件并不全是清水手法处理的构件，后期还会进行装饰，针对不同的饰面，应该有不同的基面，需要做清水的则提供清水面的；需要做油漆或者贴装的，基板就要有一定的粗糙度，否则吸附力不够；二是装配式应该是多种技术的组合，可以是钢结构装配、预应力装配、混凝土常规装配、木结构装配等，不能将这些简单归类为单一的混凝土浇筑；三是"等同现浇"理论对我国预制构件发展的制约；四是规范负责制对装配式建筑发展的制约，哪怕最后楼塌了，只要设计师设计符合所有规范，他也不承担任何责任。之所以说规范实际上制约了装配式建筑的发展，是因为我国几项顶层规范在很多地方是互相矛盾的，在参编一些地方的标准时，就发现很多这样的问题。目前，针对这些问题，我国最顶尖的专家也无法给出解决方案。

Q　你对行业的发展有什么建议？

A　我从事这个行业有十几年了，主要有两点建议：第一，对行业而言，需要优化顶层设计，各地方要根据市场需求，合理设置产能，培育真正具有技术实力的企业；第二，从企业来讲，要提升自身的管理水平，提高工人的作业技能、质量意识。以上是目前我认为对整个行业来讲相当重要的两点。

因为其他诸如与设计前端相关的问题，在短期内是无法解决的。但是，优化顶层设计，合理进行产能布局，是有可能的。当初国家推广装配式工业化发展的策略是，首先在长三角、珠三角、京津冀这三个经济发达、技术成熟的区域推广，然后再适当扩大到二线城市及经济欠发达地区。这是理性的，有利于市场的发展。和日本、美国及欧洲发达国家相比，国内装配式建筑目前还是处于吃人口红利的阶段；整体而言，装配式建筑的造价比传统建筑更高，所以，根据地区经济发展水平合理布局产能尤为重要。

以福建为例，我们发展很不均衡，福州和泉州装配式建筑的工程相对较多，其他地方相对较少。整个福建有二十几家厂，工厂数量其实已经超过了福建省装配式建筑建设需求的用材量，从而导致大家为了"抢活"进行恶性竞争。作为前车之鉴，比如2011-2012年沈阳大概有200家工厂（如果包括部品部件、门窗等生产厂家，当时对外宣称约有1000家），而市场需求量远低于供应能力，造成很多公司倒闭。当时那些花费两个多亿买最先进德国生产线的公司，最终难逃倒闭的结局。所以说，顶层设计很重要。

政府不能片面地追求地方的短期利益，只关注招商引资，而应该进行合理的产能布局。对企业而言，必须获得合理的利润，才有可能提升管理、培养工人、加大生产性投入。我们常说培养"工匠"，实际上工匠不是讲出来的，工匠是干出来的。只有天天做，才能做到熟练、稳定，如果工厂没有足够的订单，一年开工三个月休息九个月，想培养工匠显然是不现实的。所以我认为，政府理性搭台，企业认真唱戏，这两条对我们行业是关键的。说到底，就是让行业有序地竞争，而不是无底线地拼价格。

Q　装配式建筑的造价比传统的高多少？

A　造价高低取决于具体怎么做。如果是全体系的装配式建筑，可能会高15%左右；如果仅采用平面构件，那可能就没那么多，整个装配式的成本毕竟只占整个建安成本的5%左右。

Q　金强PC未来可能会做些什么？

A　第一，我们金强未来希望培养具有工匠意识的工人；第二，希望推广的是适合新农村建设，建造快速、成本低廉的装配式住宅。

目前国家正在推进新农村建设，福建政府希望对农村进行整合，对交通不便，或者基础设施配套不到位的住宅进行整合，进行相对集中的规划安置，同时完善交通设施、提高医疗条件、提升养老服务等。因为这些配套设施建设，是以一定村落规模为前提的，如果农民住得太过分散，就很难实现。只有将村社集中，提高单位面积人口规模，才能有效进行卫生所、幼儿园、养老院等设施的配套，否则在福建这种多山地地区，诸如卫生所、养老院这类设施，就无法达到标准要求的响应半径。

Q **通过调研，每平方米大概控制在多少价位？用什么样的形式？**

A 在福建，大概是1500元/m²。我们计划推广的是PC组合模式。一种是集中户型，全部做PC的，设计为半地下室模式，共三层，我们也在尝试做另一种轻钢结构。

Q **简单介绍一下装配式PC组合模式。**

A PC组合模式的墙体外框是固定的，可以提前对全部墙体的尺寸进行测量，并进行工厂预制，内部布局保留较大的自由发挥空间，内部构件可以自由组合成不同户型，满足个性化需求。

Q **为什么推这种带有半地下室的？**

A 福建有较长的雨季和"回南天"，地面会很潮湿。半地下室的设计，则有利于采光和防潮。因为考虑到地下水，全地下室会遇到防水问题，而半地下室能避免这个问题，不但能照顾到采光和防潮，还有助于提高房子的稳定性，可提高抗台风等级，增加储藏空间，也可改造为停车库等。至于房屋上部，既可以是轻质构件，也可以是陶粒构件，或者是轻钢结构，甚至可以采用型钢。

Q **1500元/m²的价位是毛坯房还是包括装修？**

A 包括基本装修，不包括家具等软装，造价可以控制在50万左右。这当然是以一定建筑量为基础核算的，也是以工业化生产为前提的。

Q 如果这个推广顺利的话，也可以助力政府政策落实？

A 对，可以助力提升美丽乡村的建设水平。目前，大部分农村的自建房并没有专业人员设计，由施工队直接施工，无法保证使用的材料符合规范，存在安全隐患。福建对建筑物的抗震等级的要求为7-8度，我们推广新农村建设的PC组合模式房屋，也是从这个方面提高住房的安全性。当然，作为民营企业，金强与国企、央企之间是存在一些差别的。我们立足于福建的市场需求，更注重生存和适应市场。

Q 国家提出了2030年"碳达峰"及2060年"碳中和"的目标，作为发展绿色建筑的民营企业在这方面有什么打算？

A 绿色建筑本身就是一种助力"碳达峰""碳中和"的新型建筑。它可以在减少建筑用材、标准化精装修、减少建筑垃圾的二次污染等方面作出贡献。我们作为PC构件工厂，可以通过减少用钢、水泥等原材料损耗，为"绿色"做一点贡献。另外，在推广新农村建设的PC组合模式建筑时，采用半地下室形式，这种设计有利于环保。第一，半地下室冬暖夏凉，可以利用丰富的地下水资源接地源热泵；第二，我们的房子带有一定的保温隔热功能，有助于降低能源使用；第三，福建南部冬季一般为7-8℃，几乎不低于5℃，有利于实现东面集中采光，西面进行绿植栽种，利用雨水相对充足的条件，可以尝试在西面进行坡面绿植的种植；第四，集中开发的模式，有助于中水利用，节约水资源。

Q 金强在福建省装配式建筑领域处于什么样的地位？

A 我们是福建省工业信息化的龙头企业，在当地具有一定影响力。2017年以来，公司连续三年荣获福建省工业和信息化省级龙头企业，并先后获得首批国家装配式建筑产业基地、2017年福建省科技小巨人领军企业、2018年福建省科技型企业、2019年福建省"绿色工厂""绿色供应链管理企业"、2019年国家级"绿色供应链管理示范企业"、2020年国家级工业产品绿色设计示范企业、2020年国家级第二批高新技术企业等。也正因为社会对金强付出的认可，促使我们更加努力创新，以此推动行业的高质量发展。

图1　金强装配建筑产业园平面图（含一、二、三期）

　　在《中共中央国务院关于进一步加强城市规划建设管理工作的若干意见》中，提出力争用10年左右时间，使装配式建筑占新建建筑的比例达到30%。2016年9月，国务院办公厅印发《关于大力发展装配式建筑的指导意见》，要求各地区因地制宜研究提出发展装配式建筑的目标和任务，制定具体政策措施，确保各项任务落到实处。福建省政府办公厅印发《关于大力发展装配式建筑的实施意见》（闽政办〔2017〕59号），提出到2020年，全省实现装配式建筑占新建建筑的建筑面积比例达到20%以上。到2025年，全省实现装配式建筑占新建建筑的建筑面积比例达到35%以上。金强（福建）建材科技股份有限公司（以下简称"金强建材"），在自身已有年产2500万 m² 硅酸盐纤维板及装配式轻质复合墙板的基础上，响应国家号召，积极发展装配式建筑产业，成立PC事业部，主要生产预制混凝土装配构件。

图2　金强PC事业部平面图

1. 厂区布置及工艺流程

（1）厂区分布

生产区：三跨24m×200m车间主要生产房建装配式预制混凝土构件；一跨37m×200m场地用于生产市政及其他装配式混凝土预制构件。

堆场区：原材料堆场约10000m²，成品堆场约50000m²。

办公区及配套附属设施。

（2）生产线配置

厂区拥有综合环形自动化生产线、固定模台生产线、楼梯、预制梁及异型构件生产线、市政构件生产线及混凝土生产线。

综合环形自动化生产线

综合环形自动化生产线为环形固定节拍自动化生产，采用自动驱动模台，把模台清理、模具安装、钢筋绑扎、预埋件安装、混凝土浇筑、构件混凝土预养护、表面后处理、混凝土构件养护等构

图3 厂区布置
（图右：生产区；左上：堆场区；左下：配套附属设施）

件内制作工序通过摆渡车横移形成环线，实现了预制构件生产过程中二次布料的自动化流水生产，年设计产能4.0万m³。

主要生产产品：外墙板、内墙板及叠合板；预留升级后可生产叠合类墙材，如叠合剪力墙、SPSC体系墙板。

效率设计：自动控节拍式，流水节拍为18分钟，养护窑窑位为56个，模台需求数量为72张，每天最大净生产时间为18小时。

工艺流程

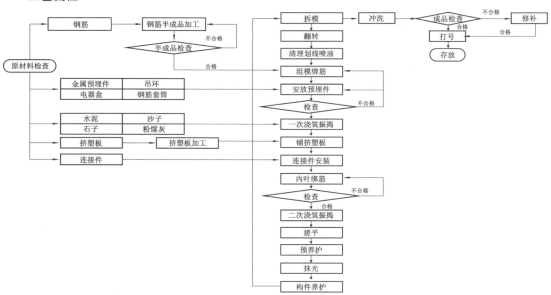

图4 工艺流程图

主要设备包括以下几方面：

1）立体养护窑

图5　立体养护窑

2）布料机

图6　布料机

3）中央控制室

图7　中央控制室

固定模台生产线

采用固定模台加门式布料机组合，提高生产效率，减少行车使用量。主要生产板式构件。

图8　固定模台生产线

楼梯、预制梁及异形构件生产线

采用定制模具加可升降门式布料机组合。用于生产预制楼梯、预制梁、挑板及异型构件。

异型构件生产线 异型构件

图9 异型构件生产线

市政构件生产线及混凝土生产线

采用三一集团的混凝土生产线，通过输送轨道与鱼雷罐将混凝土输送到需求点。

图10 PC专用搅拌站

2. 科学化管理

（1）生产组织架构

实现以项目为核心的管理体制，生产为项目负责和服务。

图11 生产组织架构图

（2）生产管理

由于各项目的需求不同，目前难以实现标准化设计，导致构件种类及规格众多，各构件的模具需求及生产节拍也不相同。根据不同项目编制生产计划，再统筹安排生产。

（3）预制构件生产流程

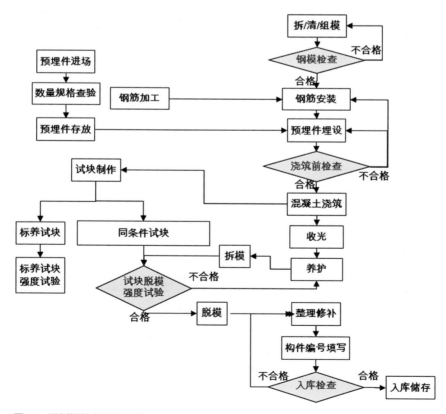

图12 预制构件生产流程图

（4）质量管控

工厂的质量管控分为两部分：原材料质量管控和成品质量管控。

原材料质量管控：主要控制砂、石、水泥及钢筋的质量。实行每批次自检及月度抽检制度。

主要检测设备：压力试验机、回弹仪、水泥抗折抗压试验机、钢筋标距仪、万能材料试验机、单卧轴强制式混凝土搅拌机、混凝土振动台、温湿自动控制仪、干燥箱、震击式标准振筛机、标准稠度、凝结时间测定仪、水泥净浆搅拌机、水泥胶砂搅拌机、水泥胶砂流动度测定仪、水泥胶砂振实台、电动勃氏透气比表面积仪。

压力试验机　　　　　　　万能材料试验机　　　　　水泥抗折抗压试验机

图13　质量管控设备

月度抽检，第三方检测报告

混凝土抗压强度检验报告　　　　　　结构构件施工质量抽样检验报告

图14　检验报告

成品质量管控：分为过程管控和成品管控

制作过程管控

模台清理检查

模具组装质量检查

钢筋安装质量检查

预埋件埋设质量检查

混凝土浇筑质量检查

成品管控

成品外观检查

成品几何尺寸检查

成平预埋件检查

成品堆放检查

3. 工厂信息化管理

工厂采用三一的PCM管理系统，系统以企业生产规范化、管理精细化为管理目标，将BIM系统与企业资源计划系统相结合，采用B/S企业云结构设计，具备数据实时分析、生产过程实时监控等智能化特征，能及时反馈企业生产运营情况。

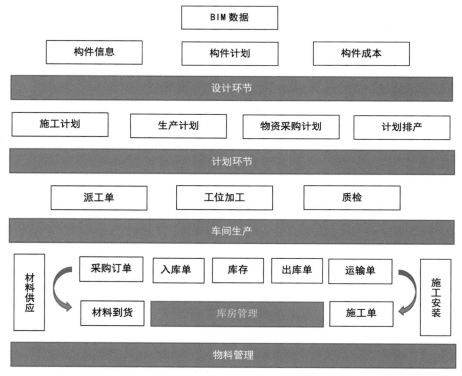

图15　工厂信息化管理示意图

4. 生产管理团队

生产管理团队由多年从事预制构件生产管理的人员负责。除了日常生产管理，团队还积极开展新产品及新工艺的研发，参与《钢筋桁架混凝土叠合板应用技术规程》《预制混凝土墙板工程技术规程》《装配式混凝土结构工程施工及质量验收规程》等行业及地方标准的编制。

5. 代表性项目

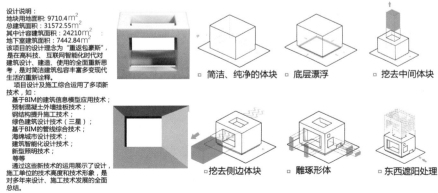

图16　金强PC代表性项目——福州建工（集团）总公司"建筑生产基地"

项目名称：福州建工（集团）总公司"建筑生产基地"
使用产品：装配式钢结构系统、装配预制混凝土系统
产品用量：约600吨钢结构构件、约910m³
项目总投：约3亿元
绿色板材厂商：金强（福建）建材科技股份有限公司
预制构件厂商：金强（福建）建材科技股份有限公司
装配钢构厂商：金强（福建）建材科技股份有限公司

1）项目背景

福州建工（集团）总公司"建筑生产基地"是市重点建筑项目应用，也是市城建系统全新高科技大楼。项目位于福州高新区海西园，总投资约3亿元，新建一栋办公楼，建筑高度49.5m，总建筑面积约3.2万m²。由福州市建筑设计院设计，福州建工（集团）总公司施工，建成后作为市建工集团和市建筑设计院的生产基地。

2）设计创意

该项目以"重返包豪斯"为设计理念，利用高科技、互联网智能化对建筑设计、建造及使用进行重新全面思考，是对简洁建筑包含丰富多变现代生活的重新诠释。项目设计及施工综合采用了多项新技术，如BIM的建筑信息模型技术、预制混凝土外墙挂技术、陶粒承重混凝土技术、钢结构提升施工技术、物联网的智能监控、智能消防、智能空调及新型照明技术、海绵城市的景观、顶层绿化技术等。

3）技术说明

• BIM的建筑信息模型技术：该项目采用BIM技术进行设计，从模型搭建、管线、预制外挂墙板三维设计分析到装配式构件等方面，均采用BIM技术进行了深化，实现设计、施工、运维一体化。

• 预制混凝土外墙挂技术：本项目采用混凝土预制外挂墙板。为减轻围护构件的重量，降低结构载荷，方便施工，本项目的预制外挂墙板采用陶粒混凝土，减重23%。

图17 项目效果图

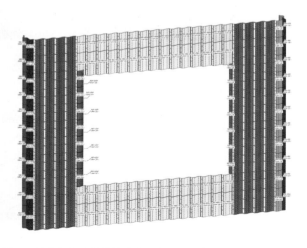

图18 预制混凝土外墙挂技术设计立面图（东 有穿孔板）

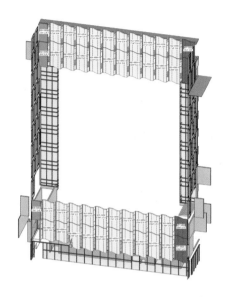

外挂墙板设计立面图（中庭　东）

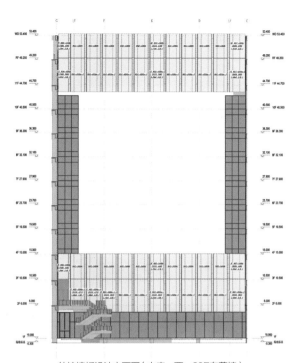

外挂墙板设计立面图（中庭　西　23F有幕墙）

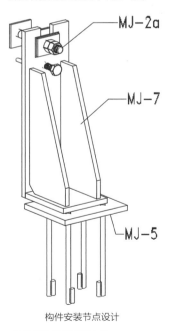

构件安装节点设计

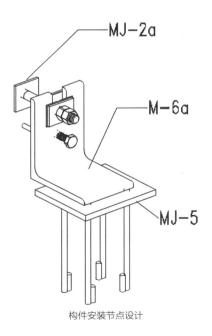

构件安装节点设计

图19　外挂墙板设计及节点

4）生产及安装

• 新院楼外墙板生产

图20　工厂预制生产新院楼外墙板

• 新院楼外墙板安装

项目外墙板吊装　　　　　　　　　　　　　项目外墙板吊装

图21　新院楼外墙板安装

构件安装节点施工现场　　　　　　　　　　　构件安装节点施工现场

图21　新院楼外墙板安装（续）

- 安装效果

图22　福州建工（集团）总公司"建筑生产基地"外墙实际效果

图23 项目采用金强混凝土预制外挂墙板实际安装效果

- 生产及安装经验

1. 外挂墙板生产

该项目采用陶粒混凝土预制外挂墙板，构件为不规则折边体，长度为3.2～4.5m。在模具设计时需考虑构件整体受力、模具刚度、模具组装（拆卸）的方便性及混凝土浇捣密实时的引气需求。外露面为模具贴合面，保护层垫块型式选择，钢筋及预埋件均需做好固定，以防止混凝土浇筑及振捣时的影响，造成露筋；振捣时，需采用小功率振捣，以防止陶粒上浮，造成离析。

2. 外挂墙板安装

本项目的外挂墙板采用上承重设计，因此在楼面混凝土浇筑过程中，需要控制好对预埋铁件的影响，特别是高度及面平整度的影响；安装前，对整个墙面进行测量，确定各个构件的安装调节尺寸；构件由平放状态到垂直状态，采用双钩协调起吊，避免单钩起吊造成构件表面受压破损；安装时，根据墙面测量的数据，定位墙板，确保墙面整体的平整度。

团队合影

团队小档案

公司管理团队：翁　斌　吕胜利

工厂核心人员：吕胜利　许振灵　黄贤春　柯玉雄

设计研发团队：柯玉雄　郑林英　林镇鑫

市场销售团队：汤美秀　吴维前　陈　如

售后安装指导团队：卢泽亮　卢亮培　欧　靖　施继超　郑忠原

其他保障人员：陈真贤　柳子钰　林　群　吴剑虹　程良坤　周德翔　张添荣

卫浴

刘志宏

苏州禧屋住宅科技股份有限公司董事长，中欧国际工商学院EMBA。20年专注整体卫浴领域，对中国整体卫浴行业发展、市场需求、产品研发、企业运营具有独到理念和丰富经验。参与编著多部整体卫浴国家及地方标准，如《整体浴室》国标、《装配式整体卫生间应用技术标准》《住宅内装工业化设计——整体厨房、整体卫生间》《上海市住宅室内装配式装修工程技术标准》《河南省百年住宅工程技术标准》《河南居住建筑装配式内装工程技术标准》《深圳市装配式建筑标准化产品图集》《江苏住宅整体卫生间设计图集》等。拥有装配式整体卫浴相关专利逾50件。

管理理念

在装配式建筑项目中广泛推广"设计标准化、生产工厂化、装修一体化、现场装配化以及全过程信息化"五化一体的管理模式 ，设计标准化程度越高，模具的利用率越高，工厂的生产效率越高，相应的成本就会下降；配合工厂的数字化管理，整个装配式建筑的性价比会越来越高。

所有的工业化部品都是靠标准化、规模化来实现经济性，所以装配式整体卫浴的推广，首先要做到建筑标准化。

访谈现场

访谈

Q **公司名"禧屋"给人温暖舒适的家庭感觉，当初企业创立是怎么想到这个名字的？**

A 我们先定了英文名SYSWO，取自SYSTEM WORLD两个单词，直译过来就是系统世界的意思。装配式最关键的就是产品的系统性，必须有系统思维才能把产品做好。在家居这个小世界里，整体卫浴、整体厨房、装配式内装，一切与家居装修相关的产品都可以用装配式系统解决。所以SYSWO英文logo的意思完全契合企业发展愿景。

"禧屋"是依据SYSWO直接音译而来，不论字面意思还是字形，都很贴切。"禧"是愉悦的意思，让员工感到愉悦，让客户感到愉悦，和我们企业文化高度融合；"屋"契合我们所从事的装配式住宅领域，通过我们的家居产品让客户乐居其中。在我们企业文化中，把员工愉悦放在首位，因为只有员工愉悦了，才能真正用心做出好的产品，提供优质服务，从而让客户最终满意、愉悦。

从公司成立之初，我们即从系统思维去构思、布局公司的中英文LOGO；同时我们也完成了整个住宅家居及相关领域的品类商标注册，为企业发展打好基础。目前这些商标品类20年、30年里都可能无法实现它的含义，但做企业一定要眼光长远，具体实施还是要一步一步扎实地走下去。

Q 请问你对企业战略定位及发展方向是如何思考的？

A "禧屋企业"发展定位，从我们企业名称"苏州禧屋住宅科技股份有限公司"可以看出，我们不仅仅是想做整体卫浴单一部品，整体卫浴行业是有天花板的，整体卫浴作为企业单一部品去做的话，ToB市场50亿基本见顶，ToC市场100亿也到了天花板，都是有限的。"禧屋"的规划是整体卫浴业务达到20亿时服务"触角"要向上下游延伸，向下可以做整体厨房、装配式装修、智能家居等，向上可将水龙头、坐便器、五金件等相关产业链整合纳入供应链，类似日本"松下""骊住"那种做法。以中国的市场规模和世界工厂的竞争力，公司规模做到一两百亿甚至千亿，都是有可能的。

目前"禧屋"还在深耕整体卫浴市场，卫生间作为住宅装修中涉及工序最多、关联性最复杂的部品，是装配式装修中最大的难题。目前中国的整体卫浴市场还不大，但入门资金需求较大，技术人才和管理人才缺乏，因此行业内目前没有、短期内也很难出现高手。"禧屋"起步时，选择做了18年的熟悉领域切入。在目前主要的ToB市场上，我们知道整体卫浴产品研发方向、怎么去找客户、项目落地、怎么赢得好口碑。我们希望"禧屋"再花5年时间能将规模做到年营收20亿，在整体卫浴这个细分领域将公司打造成一个有品牌知名度、有一定规模的全国性企业。第一阶段目标完成后，我们才会向ToC、向上下游延伸，届时公司人员结构、知识结构甚至所有人的知识结构都必须有所改变。

"禧屋"的核心竞争力一定是产品，做与建筑相关的部品制造商，而不是传统型偏重设计、施工的装饰公司。国内目前整个装配式装修产业链中，除了整体卫浴叫产品，其他的都是以干法施工工艺整合材料，不是提供产品成品。装配式产品必须是在房子建造之前，设计阶段就开始介入，这才是产品、部品的概念，从功能、材料节省等方面去系统考量，做到建筑、装修标准化，标准化之后才能做到规模化，规模化之后才能谈经济性，所有的工业化部品都是靠标准化、规模化实现经济性。但现在国内装配式内装介入节点都是在楼盖好以后，跟传统装饰公司的打法一样，这种量身定制是无法实现标准化、规模化和经济性的。

Q 国家"十四五"课题即将启动，"禧屋"是否考虑将整体卫浴进入标准院课题研究，或通过设计院接受，然后设计院出一些标准图集来推动这些技术支撑？

A 从房地产市场来看，图集意义并不是太大，但对像保障房、公租房这种政府主导的项目，图集还是有指导作用的。"禧屋"也积极参与了国家和一些省市的整体卫浴产品标准、应用标准、产品图集的编制工作。

"禧屋"做项目一定会有取舍，如果不能从前期设计介入，房子盖好了再让我们做非标定制的话，我们大概率就不做了。因为非标定制的产品，简化了销售，看似满足了个性化需求，但从现场查勘、下单、生产、安装这一长串链条中出现错误的概率很大，导致产品完整度不好、成本又高，最终严重影响客户满意度。

Q **宏观面你介绍得很详尽了，请介绍一下整体卫浴产品成本及情况。**

A "禧屋"现在有三种体系产品，第一种是SMC体系，防水盘、壁板采用高分子树脂SMC材料；第二种是彩钢体系，防水盘采用SMC材料或瓷砖面层，壁板采用VCM彩钢板；第三种是瓷砖体系，防水盘和壁板采用瓷砖面层。

三个体系产品成本从低到高依次为：SMC体系，彩钢体系，瓷砖体系。SMC整体卫浴的成本与传统卫生间相近，彩钢和瓷砖体系产品比传统卫生间贵15%～30%。但这个差异可以通过标准化、规模化逐步消除。用5年左右时间，瓷砖整体卫浴的成本可以实现与传统卫生间持平。

整体卫浴想要成为市场主流，除了做到颜值高，还必须做到高效率、高品质、低成本复制。SMC的生产工艺目前是最成熟的，能满足以上三个标准。SMC模具成本高，但规模生产时效率也非常高，一天一个压机可以生产几百件防水盘或壁板，大型压机高温高压模压生产，品质稳定，成本也较低。但SMC的缺点是档次感会稍差。

彩钢壁板的生产工艺在日本非常成熟，基本做到全自动化生产，品质可控，成本比SMC还低。但在中国因为市场销量不足，采用半自动化生产，材料损耗大，成本比SMC产品价格高15%左右。

瓷砖体系整体卫浴的客户接受度最高，但工艺难度也最高。目前，市场上没有任何一家企业能够以高品质、高效率、低成本生产瓷砖整体卫浴产品。"禧屋"的瓷砖体系产品由一家给日本供货近20年的工厂生产，防水盘采用FRP，壁板用PU发泡复合瓷工艺。这些技术在日本已经应用了20多年，品质可靠，但因为FRP主要靠手工方式生产，效率较低，成本较高，很难大规模复制生产。"禧屋"正基于日本的手工工艺研发新的自动化瓷砖体系整体卫浴生产线，以期提高生产效率、降低生产成本，满足中国市场对于整体卫浴的爆发性需求。

Q 请教您一个技术问题，整体卫浴最难解决的是底盘高度问题，请问"禧屋"目前地面高度控制在什么范围内？

A 异层排水的话需12cm左右，同层排水需要25～28cm。如果不在前期设计时按整体卫浴底盘高度考虑卫生间局部下沉，就会在卫生间门口出现一个台阶，消费者大都无法接受，这是目前整体卫浴面临的最大问题。日本SI建筑体系是全屋架空的，当然就不会存在这个问题。

Q 最后再请教一个问题，您觉得"禧屋"现阶段最难的是什么，最需要的又是什么？

A 不同阶段会有不同的难法。

2014年刚开始创业时最难的是产品，因为当时行业内最大的一家市场占有率已达到70%，如果想开拓一片自己的天地，一定要做到比它好得多才行，如果只是差不多甚至好一点，市场都不会选择你。但要快速做到比头部企业产品好很多，谈何容易。

我们埋头做了两年产品研发，终于做出了让人眼前一亮的产品，但怎么让客户接受你这个新公司又是下一个问题。好在我在市场上摸爬滚打多年，经过一年多的努力，终于成为"万科"的集采供应商，TOB的市场一下子打开了。

订单多了，产能又成了问题。这个行业需要重资产投入，但当时卖房创业的那点儿钱不可能建一个现代化大型工厂，只能先找小型的代工厂生产，难以满足市场需求。这两年，"禧屋"通过合作、并购，充分利用社会资源，已拥有常熟、郑州、青岛三个生产基地，完全能满足三年内的发展需要。

产能问题解决后，资金问题又出现了。我们的客户大都是房地产商，做他们的订单需要垫资，随着连续三年销售额稳步增长，结合股权及债权融资，对"禧屋"来说，未来两年资金不是太大的问题。

目前对"禧屋"最大的挑战又回到了产品，具体就是怎么改进瓷砖整体卫浴生产工艺，设计一条全新的自动化生产线，在保证不出质量问题的前提下，提升生产效率，把成本降到传统卫生间水平。如果能解决这些问题，"禧屋"将迎来真正质的飞跃。

做实业就是这样，没有不困难的时候，永远逆水行舟，不进则退。到目前为止，"禧屋"最难得的是，保持了做装配式部品的基因，不断进取，培养具有团队精神的员工，不仅向他们提供催人奋进的工作环境，还提供相对应的股权激励，共同进步。

图1　禧屋生产基地之一——郑州生产基地俯瞰图

1. 禧屋生产工厂

（1）禧屋简介

禧屋，颠覆传统装修理念和方式，通过专业化的系统集成创新，依托"住宅产业化"和"智能家居"的理念，实现住宅装修快速化、标准化，家居生活科技化、信息化，让用户乐享科技、健康、愉悦的居家体验。

（2）产能及生产规模

禧屋通过产业升级与创新，目前已形成集SMC、双面彩钢和瓷砖的全系列装配式整体卫浴产品，引领行业的同时满足全方位的市场需求。同时郑州、常熟和青岛三大生产基地年产能达到20万套，交期、运输成本和产能实现最大优化。

整体卫浴在国内是全新领域，开发商以及建筑承包商都不甚了解，因此，强大而专业的技术服务团队是项目成功运行的必备。禧屋汇聚了中国整体卫浴行业中最资深的研发、生产及服务团队，并聘请了日籍整体卫浴专家、室内空间设计大师，经过10年行业积累，总结出一套完善的作业指导和

高新技术企业　　江苏省建筑产业现代化示范基地　　江苏省民营科技企业　　河南省成品住宅内装产业　　质量管理体系认证　　环境管理体系认证　　已获得43项国家专利
研发生产基地

图1　禧屋部分资质

服务规范，确保每一个项目的顺利运转。同时，依据中国用户和市场的实际需求，针对性研发、创新开发，满足房地产精装修用户的产业化装修需求。

（3）品质管理

禧屋生产基地秉承禧屋公司一贯的质量第一、以人为本、环保优先的理念，在质量方面采取了原料品管、制程品管、成品品管三道品管关卡，同时生产基地还配置了一套全自动喷砂、喷涂、烘烤生产线，确保SMC防水盘耐磨、耐酸碱，以实现对各项性能的拔高。

从设计开发到售后服务，按照ISO9001标准建立全过程的流程化运作体系。建有针对整体卫浴测试的实验室，如数显恒温水浴锅、巴氏硬度计、推拉力计、涂镀层测厚仪、耐磨试验机等检测设备，按照GB/T 13095-2008 做相应测试。QP、VQA、CQA、DQA、MQA五大品质职能分工合作，从参与设计审查、产品验证到售后服务品质的监控，牢牢把控系统流程和产品实物品质这两条主线。导入APQP、PPAP及6Sigma等品质管理理念，全面品保，全员参与，持续优化系统流程和提升产品品质，建立持续改善的品质文化，使得产品质量达到世界一流的水平。

德国莱茵TÜV是全球领先的权威检测认证机构，对我司工厂安全、质量、生产以及环保等方面进行了现场评审，结果达到B级。通过TÜV认证，在世界范围内被视为经过独立公正机构测试，是安全和质量的标记。

在人文关怀与保护方面，禧屋郑州生产基地整个车间投入使用了工业空调，以保证给员工提供舒适的工作环境。所有压机均按照欧盟安全认证（CE）标准，安装德国进口的SITEMA安全抱死机构及Sink模块，确保员工的安全生产。

环境保护一直是禧屋公司发展的根基，禧屋工厂配置了粉尘回收设备、废气处理设备，尤其是废气处理设备采用了国内比较先进的处理工艺——催化燃烧方式，确保排放的气体达到国家环保要求。

（4）平面线索

整体卫浴壁板已从1990年代前的单SMC板和单色钢板、2000年代的彩色SMC板发展为目前的以彩钢板为主流材料，通过不断的产业升级与创新，瓷砖壁板也开始出现。整体卫浴的防水底盘一般为SMC，衍生出SMC防水盘+SMC壁板、SMC防水盘+彩钢壁板、SMC防水盘+瓷砖壁板、FRP贴砖防水盘+瓷砖壁板等全系列整体卫浴产品，以应对市场产业化装修全方位需求。

图2　整体卫浴结构示意图

SMC体系

防水底盘、壁板和顶板都拥有不同型号参数的大型钢模,将SMC片材原材料置于模具内,通过大型油压压机高温高压、一次性模压成型。对于不同规格产品,压机压力要求不同,一般有1000T、1500T和2000T和2500T。温度要求达到150℃左右,保压时间根据不同规格产品要求不同。

SMC壁板的各种花色(彩色纸张)也是通过壁板模压时,高温高压一起模压而成的,而并非后续二次加工附着上去的。因此在卫生间潮湿环境下不用担心壁板色脱落及是否防潮问题。

模压车间1　　　　　　　　模压车间2　　　　　　　　自动喷砂喷涂流水线

图3　模压车间内景

彩钢体系

防水盘依然采用SMC模压防水盘,一次性模压成型,也可以选择瓷砖防水盘,从而保证了整体卫浴优越的防水性能。

VCM双面彩钢板壁板有铝蜂窝夹芯和岩棉夹芯两种工艺,表面可进行双面或单面覆膜,可以不用砌卫生间的两面户内墙,此做法适合出租或出售型公寓项目。而且彩钢壁板高度不受模具限制,可以轻松做到2400mm以上。

VCM表面的膜分为PVC膜和PET膜,一般PVC膜带纹理,例如木纹;而PET膜一般是光面的,例如高光大理石纹。

图4　彩钢产线

瓷砖体系

防水盘可采用SMC模压防水盘，一次性模压成型；也可以选择瓷砖防水盘，瓷砖防水盘可采用FRP玻璃钢一次成型，也可以采用SMC防水盘基材复合瓷砖工艺。

瓷砖壁板面层为瓷砖或陶瓷大板，基材结合结构加强钢件，采用PU发泡一体成型，工厂加工而成，壁板高度可做到两米四，效果好档次高，和传统瓷砖视觉效果无差异的同时实现了干法施工。

顶板采用SMC材质，充分利用SMC材料轻便、强度大、防水好等优质性能。

图5　瓷砖生产线

（5）纵向线索

SMC体系整体卫浴主要生产设备及模压流程简介

- 2500T压机、2000T压机、1500T压机等全部采购自国内一流制造商。
- 全自动化的喷砂、机器人喷涂、烘烤生产线，确保每批产品的交货及时性和质量稳定性。
- 所有工序的生产都严格依照 SOP 进行。

模压流程

图6　模压流程示意

模压前的准备

1）SMC的质量检查

模压前，必须首先了解SMC的质量，如树脂糊的配方、树脂的固化特性、树脂糊的增稠曲线、纤维含量、纤维浸润剂类型、单重、薄膜揭去性、收缩率、硬度质量均匀性等。

2）剪裁

根据制品的结构形状、加料位置、流动路程决定模塑料裁剪的形状与尺寸，制作样板，再按样板裁料。剪裁的形状多为长方形或圆形，尺寸多按制品表面投影面积的40%～80%来确定。

3）设备的准备

① 熟悉压机的各种操作参数，尤其要调整好工作压力和压机的运行速度及压机台面的平行度，以确保薄壁制品的厚度均匀。

② 模具安装一定要水平，并确保安装位置在压机台面的中心。模压前要先进行彻底的清理，然后涂覆脱模剂（一般为硬脂酸、硬脂酸锌和硅脂），加料前要用干净纱布再交脱模剂小心擦匀，以免影响制品的外观质量。对于新模具，在涂覆脱模剂之前要去油。

模压成型

当SMC加入模腔后，压机快速下行。当上、下模吻合时，缓慢施加所需的成型压力。经过一定时间的固化反应后，制品的成型过程结束。在成型过程中，要合理地选定各种成型工艺参数及压机操作条件。

1）成型温度

成型温度的高低，取决于树脂糊的固化体系、制品的厚薄、生产效率和制品结构的复杂程度。

一般来说，厚度大的制品所选择的成型温度应比薄壁制品低，以防止过高温度在厚制品内部产生过度的热累积。例如，制品厚25～32mm时，其成型温度为135～145℃，而更薄的制品则可在171℃成型。

对成型过程来说，较低的成型温度，可获得较长的凝胶时间及避免产生预固化。在某些情况下，如深拉制品的成型和需要特别慢的速度闭合以使被困集的空气的成型条件下，一般应选用较低的成型温度。总之，成型温度应在最高固化速度和最佳成型条件之间权衡选定。

片状模塑料的成型温度在120～155℃之间。应避免高于170℃下成型，否则在制品上会产生鼓泡。温度低于140℃时，固化时间将过长。温度低于120℃时，基本的固化反应不能顺利进行。

在控制成型温度时，注意阴、阳模之间必须保持一定的温度差，一般来说，阴模应比阳模热5.5℃左右。

2）成型压力

片状模压料的成型压力比聚酯料团的成型压力稍高。片状模塑料的增稠程度越高，制品成型所需的成型压力越大；流动性越差、加料面积越小，所需的成型压力也越大。

成型压力还随制品的结构、形状、尺寸而异。形状简单的制品，仅需2.5～3MPa的成型压力；形状复杂的制品，如带加强筋、翼、深拉结构等制品，成型压力可达14～21MPa。

成型压力大小，也与模具的结构有关，垂直分型的模具所需的成型压力低于水平分型模具，配合间隙较小的模具比间隙较大的模具需更高的成型压力。

总之，确定成型压力应考虑多方面的因素，一般来说，SMC的成型压力在3.5～7.0MPa之间。

3）固化时间

片状模塑料在成型温度下的固化时间与其性质及固化体系（固化剂种类、用量）、成型温度、制品厚度等因素有关。固化时间一般按40s/mm计算。对厚制品（3mm以上），每增加4mm，固化时间增加1min。

4）压机的操作

由于SMC是一种快速固化系统，因此压机的快速闭合十分重要。如果在加料后压机闭合过于迟缓，那么在制品表面就会出现预固化斑，或者产生缺料、尺寸过大的缺陷。成型温度比较高的情况下，更易产生上述弊病。但在实现快速闭合的同时，在压行程终点应降低模具闭合速度，减缓闭合过程，使被困集的空气能顺利排出。最后的25mm行程，闭合时间在5~20s较好，如果快于4s，就有可能会损坏剪切边。

SMC自动化生产线

车间除多台大型压机外，还设有全自动机器人喷涂生产线，根据设定的参数对不同的底盘进行大批量的自动喷涂生产，喷涂厚度均匀稳定，无色差无刷痕，中途无需人工操作控制，可24小时不间断作业，提高生产效率，减少环境污染。

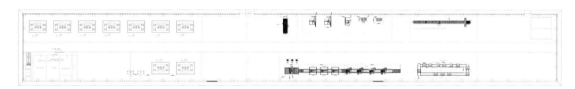

图7　SMC车间布局图

瓷砖体系整体卫浴自动化生产线

瓷砖体系产品引进日本成熟工艺，瓷砖壁板采用高性能防水聚氨酯及骨架与瓷砖经高温高压一体发泡成型，按照日本20年工艺，模具生产、层层测试、品质管控，确保壁板表面瓷砖的平整度、尺寸精准、完全密合，具有耐磨、耐酸碱、强度高等特性，杜绝瓷砖脱落。禧屋瓷砖体系整体卫浴自动化产线，主要包含贴砖、固化的自动化生产设备，满足从自动上料、产品型号识别、表面清

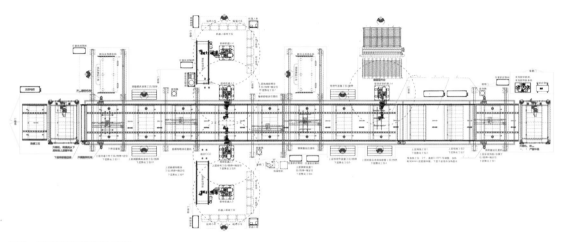

图8　瓷砖壁板发泡生产线

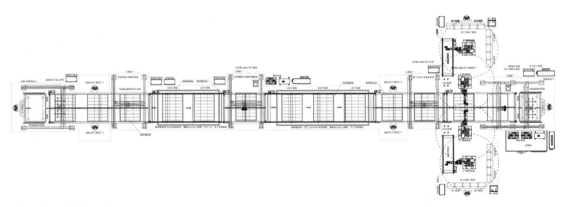

图9 瓷砖底板生产线

洁、自动涂胶、人工检查、自动贴砖、压实、检测、美缝、烘干、清洁、人工检查及放置产品隔垫、自动下料等所有工序全部自动化、流水化作业，减少操作人员，降低人员劳动强度，提升效率，提升产品品质。

（6）整体卫浴的业务特色及技术简介

方案设计

方案设计考虑结构合理性、布局舒适度、建筑衔接、水电衔接、空间最大化等因素。

安装条件准备

四大部分：土建系统、给排水系统、排风系统、电路系统。

21个项目：涵盖安装空间、门洞、窗洞、给水接口、排水接口、排风接口、电路接线盒等查勘项目。

安装管控

完善的项目经理制度，详细的项目管理规范，指导经验丰富的项目管理人员，对工期进度和安装质量进行双重管控。

技术特点

防水盘、壁板、顶板在工厂预制生产，现场干法施工，整个卫生间搭建不以现有的墙体为依托，通过结构件可靠连接方式搭建稳固、独立的六面体防水结构，实现工业化生产和安装，提高效率，质量稳定如一。

执行标准（表1）

整体卫浴国标及行业标准明细   表1

序号	国标序号	国标内容
1	《GB/T 13095 2008》	《整体浴室》
2	《JG/T183-2011 》	《住宅整体卫生间》
3	《GB/T 3854》	《增强塑料巴柯尔硬度试验方法》
4	《GB4706.1》	《家用和类似用途电器的安全 第一部分：通用要求》

续表

序号	国标序号	国标内容
5	《GB/T 6952》	《卫生陶瓷》
6	《GB/T 11942》	《彩色建筑材料色度测试方法》
7	《GB/T 18102-2000》	《浸渍纸层压木质地板》
8	《GB/T18103-2000》	《实木复合地板》
9	《JC/T 644》	《人造玛瑙及人造大理石卫生洁具》
10	《JC 707》	《坐便器低水箱配件》
11	《JC/T 758》	《陶瓷洗面器普通水嘴》
12	《JC/T 760》	《浴盆明装水嘴》
13	《JC/T 761》	《卫生洁具铜排水配件技术通用条件》
14	《JC/T 762》	《卫生洁具铜排水配件、结构型式和连接尺寸系列》
15	《JC/T 764》	《坐便器塑料坐圈和盖》
16	《JC/T 779》	《玻璃纤维增强塑料浴缸》

20世纪90年代颁布了中国第一代产品标准《GB/T 13095.1~4-1991盒子卫生间》。在2000年更新为《GB/T 13095.1~4-2000整体浴室》，并在2008年继续修订为《GB/T 13095-2008整体浴室》，原建设部也在2006年颁布了《JG/T 183-2006住宅整体卫浴间》行业标准。2011年7月，住房和城乡建设部调整颁布了《JG/T 183-2011住宅整体卫生间》的新国标。

（7）产品优势

好——工厂生产 品质可靠

工厂标准化生产，产品质量稳定；现场规范化组装，杜绝现场装修工人水平、状态不一产生的质量不稳定。

快——干法施工，效率高、工期可控

整体卫浴，现场采用规范化高效组装，快捷高效，告别传统手工湿法作业，工序省却烦恼，让客户舒适体验即装即享的无忧生活。

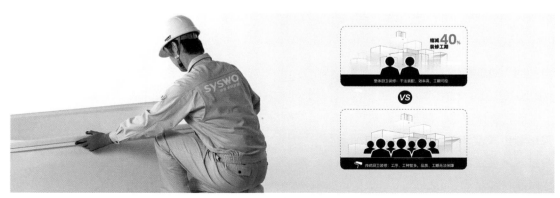

图10　整体卫浴干法施工效率高

以3000套工程案例为例，应用整体卫浴可实现三个月即完成采购、生产、供货、安装、交付建筑工程竣工验收全流程。

省——降低综合成本

降低建造成本，传统卫浴施工周期长达2周，涵盖泥瓦工、水电工、安装工等多个工种。相比较而言，整体厨卫安装仅需两个产业化工人和半天时间，大大提升了效率，降低了建造成本。

降低人工成本，大幅减少对人工的依赖，大幅减少用工荒。

降低维护成本，整体卫浴质量更稳定，干法装配式，易于检修售后，维护成本更低。

降低折旧成本，传统卫浴使用年限平均在5～8年，整体卫浴使用年限长达20年，年使用成本更低。

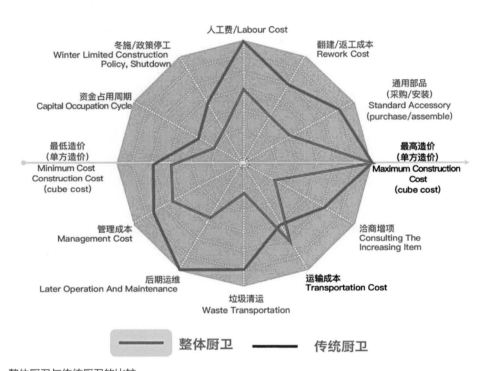

图11 整体厨卫与传统厨卫的比较
图中多段线所围合图形的面积，反映了该施工方式在项目全生命周期内的综合成本情况，围合面积越小则综合成本越低。

（8）禧屋整体卫浴舒适体验

结构防水，杜绝渗漏

禧屋整体卫浴，防水底盘均采用翻边式设计，一体成型，自带排水坡度，顺捷排水，杜绝卫生间渗漏这一"建筑之癌"。

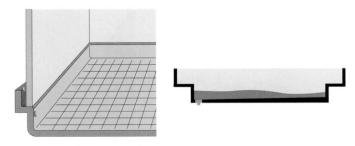

图12 防水盘结构防水示意图

洁净如新，耐磨、耐酸碱

禧屋SMC材质防水盘表面独有纳米涂层，纳米材料由于其表面和结构的特殊性，具有一般材料难以获得的优异性能，显示出强大的生命力。禧屋整体卫浴SMC防水底盘表面进行纳米喷涂处理，可使防水底盘表面更加耐磨、耐腐蚀；同时依托底盘表面纳米涂层，水珠在滚落过程中，吸附浮在底盘表面上的灰尘，达到自洁的效果。

防霉抑菌

卫生间潮湿环境中容易滋生细菌，禧屋防水盘涂层中富含银离子，纳米银防霉率高达90%，卓越的抗菌性能为客户的健康保驾护航！

图13　禧屋防水盘荷叶自洁效果示意图

图14　防水盘防霉抑菌效果展示图

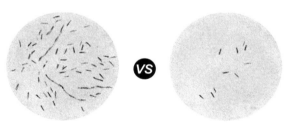

传统卫浴不具备防霉抗菌性能，沟缝尤易滋生霉菌。

禧屋卫浴防霉率超过90%

清新易洁

不良气味是卫生间的"常客"，令人头痛发愁。禧屋整体卫浴采用超高水封，通过地漏空腔的储水隔绝功能，有效地保证了卫生间的空气不受下水道影响，让清新的空气常驻。

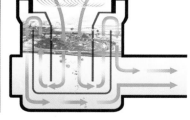

图15　地漏隔臭排水示意图

2. 整体卫浴典型案例

（1）成品住宅——碧桂园星荟

项目为1312套出售型住宅精装修，碧桂园采用瓷砖体系整体卫浴。传统贴瓷砖经常出现漏水、瓷砖脱落等问题，影响品牌口碑。瓷砖体系整体卫浴防水盘采用FRP复合瓷砖工艺，日本20年成熟技术，贴砖平整度极佳，自带排水坡度，迅速排水，卫生间无积水。瓷砖壁板采用高性能防水聚氨酯及骨架，与瓷砖经高温高压一体发泡成型，德国原装发泡设备，德国拜耳及巴斯夫聚氨酯发泡料，按照日本20年工艺，模具生产、层层测试、品质管控，确保壁板表面瓷砖的平整度、尺寸精准、完全密合，具有耐磨、耐酸碱、强度高等特性，杜绝瓷砖脱落。

图16　碧桂园星荟

（2）出售型公寓——佛山万科金域中央

项目为8100套出售型公寓，项目急、工期紧。四期项目2018年10月生产发货，次年6月即完成安装交付，期间还包含春节假期。项目采用SMC体系整体卫浴。因其现场采用干法施工，整个卫生间搭建不以现有墙体为依托，通过结构件可靠的连接方式搭建稳固、独立的六面体防水结构，实现工业化生产和安装，提高效率，缩短工期，保障品质。

图17　万科金域中央

（3）公租房——昆明公租房

昆明公租房是我国西南片区首个绿色保障房建设项目，合计9000多套，采用整体卫浴。项目不仅在云南绿色建设保障房建设史上实现了"零"的突破，实践也将勾勒出未来昆明绿色建筑发展的轮廓。项目由市公租房公司委托国内知名的房地产开发企业万科集团全资子公司昆明万科实施全过程项目代建管理，按照国家绿色三星标准进行设计，其中30%的住宅建筑面积达到绿色三星标准。其获得的"三星级绿色建筑设计标识证书"，是目前国内官方认可的绿色建筑最高等级。它的建成及入住，也是昆明首次对绿色保障房进行分配。

图18　昆明公租房

（4）出售型公寓——碧桂园东城苹果项目

项目491套出售型公寓全部采用彩钢系列整体卫浴。双面彩钢系列，防水盘、双面壁板（含外隔墙）、顶板采取现代化工厂标准化生产，现场干法施工，结构拼装；以系统思维，构建浴室内部完美系统以及与外墙一体衔接，省心、高效、美观的同时与土建墙顶与地完美衔接，节省传统卫生间2-3面卫生间隔墙作业，避免了传统隔墙湿法作业及工序繁多的弊端，化繁为简，减少了施工环节，节省了成本。

图19　碧桂园东城苹果

（5）学校宿舍——华中师范大学附属息县高级中学

项目应用合计491套学校宿舍，项目采用SMC系列整体卫浴。SMC材料常用于飞机内舱、动车内壁，环保无甲醛。材料既有钢铁的强度，又兼具钢铁所缺的柔性、轻质和温润触感，使用寿命长，且安全绝缘，易清洁。

图20　华中师范大学
附属息县高级中学

（6）医院——张家港港城康复医院

项目为170套医疗养老型无障碍整体卫浴，常规的标准化产品无法在安全、便捷性等方面给病、老提供更多的便利。整体卫浴系统的设计思路，专为残疾人设置的安全扶手，通畅的布局设计使通行与打扫方便至极。大出水口、宽台面、可动式扶手、靠背、轮椅自转半径，每个细节都别具匠心。

图21　张家港港城
康复医院

上海营销中心

华中营销中心

单　　　　　　位：苏州禧屋住宅科技股份有限公司
郑 州 生 产 基 地：河南省郑州新郑市付李楼村中原装配式产业集聚区
常 熟 生 产 基 地：江苏省常熟市海虞镇东泾路8号
青 岛 生 产 基 地：山东省青岛莱西市阳明路1号
上 海 营 销 中 心：江苏省昆山市花桥国际商务城绿地大道231弄绿地杰座8号楼10层
深 圳 营 销 中 心：深圳市福田保税区红棉道8号英达利科技数码园A座605
广 州 营 销 中 心：广州市番禺区东环街金山谷意库创意八街69栋205
北 京 营 销 中 心：北京市丰台区汉威国际广场三区1号楼1层
西 南 营 销 中 心：成都市锦江区泰合国际财富中心13层1312–1314室
济 南 办 事 处：济南市槐荫区张庄路299号
海 外 营 销 中 心：马来西亚森美兰州汝来
禧屋装配式产品类别：整体浴室、整体厨房
华中营销中心核心团队：陶 春　王 震　杨 飞　阙正华　王益盛　艾荣东　李嘉易
上海营销中心核心团队：操龙权　何必文　邢 兵　李举魁　杜 坤
禧 屋 工 厂 核 心 团 队：刘志宏　陶 春　陈仕明　包昌军
整　　　　　　理：刘志宏　陈仕明　包昌军　何必文

陶运喜

广州鸿力筑工新材料有限公司董事长兼创始人。逾20年制造业与工程建设管理经验，专注蜂窝复合技术近30年，中国工程建设标准化协会理事，工科背景加上工商管理硕士，曾任施耐德（广州）母线第一任本地化总经理和荷力胜（广州）蜂窝制品副总经理。于2011年创立鸿力，全力投入鸿力公司的开拓与运营，确立了装配式整体卫浴和整体厨房可以是工厂全定制生产的瓷砖、石材体系，推动行业发展。带领的鸿力团队是装配式瓷砖体系整体卫浴及整体厨房最早的践行者和技术引领者，参与编制装配式内装部品建筑规范、图集等行业标准多项，获得国家发明专利9项、实用新型专利100余项，完成全国装配式建筑卫生间及厨房装修超20万套。

设计理念

作为一个全新产品的开拓者远比跟随者要艰难得多。准确地说，我们是先在实验室研发出产品，再把实验室产品成功量产，成为市场接受度高的可售卖产品。制造业是一个科技含量很高的行业。生产一件产品并不难，但保持成千上万件产品质量稳定的大规模生产才是制造的根本。

把制造业对生产的标准化要求带到建筑业，选择用机械工程师代替建筑工程师画图纸，在建筑业对误差的尺寸单位普遍定为厘米的情况下，遵循制造业的标准把误差尺寸提高到毫米级。

卫生间的未来是整体商品，购买、安装、后期维修，都应该也应该像空调、电视等成品家电一样便捷、可靠。

我们不希望整体卫浴是为了装配式而做装配式，而是真正为地产商采购、为消费者使用带来真正的好服务、好产品。

访谈现场

访谈

Q 陶总，请简单介绍一下装配式整体卫浴的亮点有哪些?

A 现在，第三代铝芯蜂窝复合瓷砖体系的应用，已经从装配式整体卫生间、整体厨房，拓展到了干法地板、蜂窝隔墙，甚至进入了移动式房屋。但鸿力的核心产品还是坚守整体卫浴和整体厨房领域。瓷砖体系整体卫浴的第一个亮点，就是可以任意选择表面材料，既可以是瓷砖、石材，也可以是玻璃等其他材料。这不仅让墙面材料给人的感受更贴近用户的习惯，而且可以实现高、中、低不同档次的材料搭配。如果把装配式说成是一个施工效果，那么装配式整体卫浴就是让整个效果体现得更加完美。第二个亮点，与日本的SMC类整体卫浴体现不同，瓷砖体系的产品是柔性的可变模具，不受模具局限，尺寸大小可以任意定制，所以装配式瓷砖体系的产品可以进入C端市场，满足一家一户的个性化需求。

Q 未来是不是可以理解为面向C端市场，可以像买彩电、冰箱一样，菜单式搭配?

A 是的，第三代铝芯蜂窝复合瓷砖体系的产品不仅可以批量生产，还可以满足大面积旧改的需求，这是铝芯蜂窝复合瓷砖体系产品尺寸的灵活性和柔性生产的优势。

还有一个特点是整体卫浴的构造。我们融入了很多新技术。卫生间的核心是铝蜂窝结构，稳定性和轻便性是它的基本特性。蜂窝材料的核心亮点，是强度和刚性，地面、墙体、天花都采用铝蜂窝结构来作为基层支撑，所以受力非常好，飞机、航天、航空的很多部件都采用蜂窝结构。

铝芯蜂窝复合瓷砖体系的产品在实现效果上和传统的卫生间没有区别，但是传统的卫生间是湿法作业，装配式的产品是干作业，是工厂化生产，工业化装配程度高，满足工期需求，没有施工污染，产品全过程环保，不含甲醛。

产品标准化程度高。标准化程度越高，产品质量越稳定，成本效益越好。工期缩短，也能使成本进一步下降。

Q 鸿力的产品体系可不可以申请为中国人原创？

A 这个产品绝对是中国人的原创！此外，我们还有很多重大的突破。日本的SMC类产品体系只解决了上半身的问题，下半身没有解决。装配式整体卫生间最核心的特点是不漏水，所谓"下半身"就是卫生间底部的4-5个排水口，与之相关的又有四五十个接口，这些接口都是隐蔽工程，隐蔽性工程很难检测，质量的好坏取决于现场工人的素质。

Q 鸿力是怎么解决这个问题的？

A 我们有一个革命性的发明，就是把排水管全部连接，打压测试之后，预埋到底盘里面，再浇筑防水材料，产品整体完后再做一次打压、排水测试。这样，就只有排水和粪管两个污废分离的出口。这样做的另一个好处是，还可以在8-10cm的降板里实现横排水。

Q 这是一个很大的突破吧？

A 我们产品的这个特点对装配式叠合板也有重大意义。卫生间的沉箱是20-30厘米高，需要现浇，叠合板不能满足这个需求。但如果用我们的产品体系，只需要8-10厘米的沉箱，完全可以使用叠合板。叠合板沉箱只有6厘米，因为在实际操作中完成面会高一点，6厘米的叠合板下沉一点点就可以实现整个横向装配，施工速度很快，可以最大限度利用横向叠合板，同时装配率也很高。

日本体系底部的排水结构继承了传统的卫生间形式，假如把卫生间底部拆除，沉箱里面一摊水，卫生间就不可避免地发霉长菌。

传统的卫生间是用瓷砖贴在水泥砂浆上，水泥砂浆是含水层，如果瓷砖面上有水，水会渗入卫生间底部，造成地面常年潮湿，还容易返臭。

铝芯蜂窝复合瓷砖体系整体卫生间的面层虽然是瓷砖，但瓷砖下面是防水层，可以杜绝水下渗。所以鸿力的产品干爽度非常高，即使在广东的回南天，卫生间表面都没有水珠。这是因为铝蜂窝材料导热，能快速实现地面、墙面内外的空气温度平衡，没有造成结露现象的温差。

另外一个特点，在大规模制造时，可实现低于传统的施工成本。在目前产能不是很大的前提下，也基本能实现低于传统成本。但是，我们的销售价格难以获得相比传统施工更大的优势。去年我们新建并投产了两个工厂，可达到年产15万套的产能，局面会好一些。

Q 铝芯蜂窝复合瓷砖体系的装配式产品在国内的主要市场有哪些？

A 我们的市场主要分为三个：第一个是新建的住宅、公寓；第二个是酒店装修和旧改；第三个是学校、医院等公建装修。

Q 目前来看，是新建的楼多还是旧房翻修改造的多？

A 都有，目前新建项目比改造项目更多。我们是万科集团瓷砖体系整体卫浴唯一的战略集采供应商，每年给万科供货5万—8万套，这是个很成熟的瓷砖体系整体卫浴。可以说，目前我们是国内市场唯一很成熟的瓷砖体系整体卫浴的供应商。当然，市场上有其他厂家也生产瓷砖体系整体卫浴，但它们主要是在SMC体系上用瓷砖胶来贴瓷砖，基层不扎实，容易造成空鼓、掉砖。另外很多厂家采用人工现场贴瓷砖工艺，这有悖于装配式的理念。

Q **如果有人看到你这个产品这么好，来模仿你的产品，你怎么办？**

A 我们通过大量的专利保护产品，但也不是仅仅依靠专利保护，更依靠持续不断的技术创新和产品不断的更新迭代。不仅要把市场做大，还要做强。这不可能凭一己之力完成，所以我们跟东鹏集团、新中源集团合资建厂。这个产品看起来简单，但是实施起来却很难。如果不是鸿力技术团队持之以恒的支撑，不会那么容易投产。建筑业和制造业还是有区别的，虽然我们的产品用于建筑业，但本质不同。在我们之前，万科研究院也研究了很久瓷砖体系整体卫浴，但鸿力率先获得了成功。在建筑业与制造业的结合上，万科帮了我们很多，我们很感激万科。万科研究院说："瓷砖体系整体卫浴不仅是鸿力的孩子，也是万科的孩子。"他们非常认可这个产品，在全国各地的项目中用了很多我们的产品。

我们并不担心有人复制我们的产品，在跟东鹏集团合资建厂之前，东鹏集团的何董问我："我看过你们的生产线，我觉得瓷砖体系的整体卫浴也不是很难生产。"我就问何董："生产了这么多年的瓷砖，你觉得瓷砖难生产吗"？

问"一块瓷砖难不难"，何董瞬间就明白了。一块瓷砖真的不难，用烤箱做一块瓷砖都能做。但做十块、一百块、一亿块、一百亿块，要保证质量的稳定和一致，就需要高度自动化的完整的生产线，要有完整的工艺配合。不单是生产，还要把它卖给千家万户。

同理，生产整体卫浴，拿到订单，把事业做好，是非常艰难的。

Q 对中国装配式的前景，你是如何判断的？

A 我认为，对装配式产品来说，现在是一个绝好的大时代。

现场施工，就是靠工匠精神，工匠精神很可敬；可是手的灵巧性、眼睛的敏锐度是有限的，达不到工具制作的水平，更达不到设备生产的水平。既然机械设备凝聚了人类文明、工业文明、科技文明的进步成果，我们就应该使用它们进行生产。靠经验和感觉制作出来的都是艺术品，可哪有那么多艺术大师去帮你贴瓷砖？

好的产品，就得有好的实施，没有好的实施，就达不到要求的完成度。在遥远的乡下，一个老太太能跟我们用一样的手机，就是因为手机是工业化产品。买一部华为手机，买一部苹果手机，她的使用体验跟我们是一样的，但是她出比城市里更多的钱，也得不到城市水准的卫生间，因为她那里没有这样的工人，没有这种设备。如果把卫生间变成工业化产品，那她就可以像买电视机、空调一样去买一个卫生间。

Q 现在是数字社会、数字时代。我们在工业化过程中，有没有关注从设计端到生产端，整个产品用数字来体现？

A 我是学计算机出身的，这东西一定是要用的。我们现在都是用三维软件设计，再导入ERP系统。下一步就是实现网络选购。画一个简图：长宽尺寸，五天之内就会有一个卫生间到你家去，这就是数字化的概念。因为卫生间是在工厂预制的，可以把很多探测器、安全装置、消毒装置预先置入。

今年疫情期间我们就向白云区和增城区的医院捐赠了整体卫生间。我们在武汉看到医生有家不能回，在门口摆个小桌子吃饭，因为怕将病毒带进家，把污染带给孩子、妻子。我们做了一个装配式卫生间给咱们广州的医院，带消毒紫外线、高压、蒸汽等功能，能让他们冲凉、消毒，然后和家人一起吃饭。事实上，卫生间就是一个健康、卫生中心。从这个角度来说，可以实现建造过程的数字化、使用功能的数字化，这些我们都在着手做了。

Q 如果能把卫生间整个空间研究透彻，延伸到整体厨房，然后到客厅、到卧室，那就很简单了。

A 我们也是这么做的。我们第一个产品是卫生间，万科在它们的楼盘上大量使用我们的卫生间后，也开始用我们的厨房，现在又开始使用我们其他的产品。在家庭装修工程中，厨房和卫生间占工程量的百分之五十。

Q 铝芯蜂窝复合瓷砖体系装配式整体卫浴现在主要的竞争对手是谁？

A 我们的竞争对手就是泥瓦匠，也就是传统工法。在做卫生间的行业，我们没有竞争对手，但这是打引号的。真正的竞争对手就是传统的卫生间，就是泥瓦匠做的卫生间，我们要打败他们！

Q 鸿力有哪些方面的设计师？

A 都有。我们有几十位设计师，做结构设计、平面设计、系统性设计，我们的设计师人数相对多些。

Q 整个研发团队有多少人？

A 接近四十人。我个人特别注重研发，我们俩最早也是一直搞研发的。

Q 是你提供建议和方向吗？

A 也不单单是方向，其实包括很多的工艺、产品的细节都是我们自己设计研发的。比如榫卯结构是刘小良先生最早提出，并由团队共同设计，逐步迭代实现的，集成排水则是由我提出，刘小良、谢庆武、宋明、马华超、李果成等团队成员共同设计，逐步迭代实现的。还有很多工艺流程都是共同探讨研发的，我们经常进行头脑风暴。

Q 你们的产品环保怎么样？

A 因为面材是瓷砖，背面只用很少的胶粘剂，我们叫聚氨酯，就是你喝水的水杯材料，它既是结构材料，也是粘胶材料，作为粘胶黏合非常牢固。这是很大的优点，制造出不含有甲醛成分的材料才是正确的。我们的卫生间绝对是零甲醛。

Q 你现在是在冲刺过程中，你未来的终极目标是什么？你自己想象当中的目标是一个什么产品？企业未来会走向哪里？

A 我们必须成为一个全球化企业，我们的产品被中国需要，而世界更需要，特别是发达国家更需要。我们希望在未来达到完全柔性制造，无论在西藏、在广西的一个乡下，还是在美国加州，用户都可以在电脑上下一个卫生间的订单，随后会有安装队伍上门安装，就像安装一台电视机、一台空调一样。把真正的服务做到千家万户，是我们的目标。逐步形成一个平台，变成一种运营模式，让各种先进的技术能够通过产品传递到世界各个角落。

Q 你对"智能建造"的认识和展望是怎样的？

A 智能建造是信息化、智能化与施工过程高度融合的新型建造方式，智能建造技术包括BIM技术、物联网技术、3D打印技术、人工智能技术等。智能建造的本质是工业化智慧建造，是对传统施工方式的改造和升级。

智能建造带来了工作的精细化。通过先进技术提前模拟，与大数据连接的信息模型，可以清晰地显示即将动工建筑的每一个细节，包括管道、线路等。基于BIM技术、大数据、云计算、移动互联网等技术的配合应用，获得的信息和作出的决策往往比依靠经验更接近事实。项目进度、质量及安全管控、物料安排、资金需求等，都可以通过图表的形式呈现，将整个建筑全生命周期的所需所求清晰展示出来。数字化使信息更准确、及时。多方协同互联网化，各参建方在统一的平台上共享项目信息和进展状况，以项目为核心联接各参建方团队，通过即时沟通实现高效协同，完成项目目标。这种建造方式将得到更多的应用。

智能建造技术的发展在我国尚处于起步状态，多为通过引进国外核心技术，学习国外先进企业的创新技术，来促进国内智能建造技术的发展。但缺少基础技术和理论支撑，理论层面上也缺乏更深层次的探讨。未来，会有更多企业尝试在关键核心技术领域的突破，以及各类技术之间的融合，开拓全新的智能建造领域，打造符合我国发展的智能建造技术体系。

图1　全干法铝芯蜂窝复合瓷砖体系装配式卫生间

　　广州鸿力筑工新材料有限公司是一家致力于绿色节能领域的高新技术企业，集建筑产业化配套部品的研发、生产、销售与服务于一体。公司产品包括全定制装配式整体卫生间、整体厨房、隔墙、内外装饰挂件等建筑产业化相关部品。

　　公司首创铝芯蜂窝聚氨酯复合玻璃纤维，在模具热压条件下复合瓷砖、人造石、天然石等材料制造的建筑产业化相关部品，具有重量轻、强度高、刚性好、质感稳重、成本低、安装简易等特点。目前，鸿力发明的以"产品全定制，市场全覆盖"为特征的第三代装配式整体卫生间，产品覆盖从星级酒店、住宅、公寓等到平常百姓家的全部装修市场。

　　装配式内装工业化首先是一种建造方式的变革，就是由传统比较落后的施工方式转变成一种工业化生产方式，促使传统建设方式向集约、节约、环保、绿色、科技等现代化方式转变的有效途径。大力发展工业化建筑，可加快转变城镇化建设模式，全面提升建筑品质。简言之，装配式建筑就是"搭积木式"造房子，把在工厂流水线上制造完成的主要构成部分，如墙体、底台、天花、梁、柱、楼板等零部件，现场拼装到一起组建成房屋，实现设计多样化、功能现代化、制造工厂化、施工装配化。

鸿力筑工简介　　　　　　　　　　　　　　　　　　　　　　　　　　　　　　　　表1

概况	广州鸿力成立于2011年5月。全球首创"铝芯蜂窝、聚氨酯和玻璃纤维"复合材料，新一代全定制装配式整体卫生间、厨房的发明者、领军者、标准制定者，发明灵感源自航天太空舱技术。拥有100多项专利，其中11项发明专利，通过PCT全球范围锁定了蜂窝结构体系技术路径。2020年销售目标4亿元，利润5000万元。
产品	鸿力产品系列包括装配式整体卫生间、厨房、隔墙、干法地板以及外墙等，拥有80多项专利技术，拥有完全自主知识产权的自动化生产线，凭借"实体材料蜂窝化"技术路径而提出"节材减碳"理念，是国家提倡"建筑装配式内装产品"以及"厕所革命"的最优解决方案之一，技术方向获得国家住建部高度认可。
认可度	是住建部厨卫委员会"厨卫研发中心"所在地，主编国家装配式厨卫标准、技术规程、施工图集等。2015年开始成为"高新技术企业"。针对抗病毒提升健康理念，在2020年初开发初"数字化+健康中心"的新产品，目前已经在医用领域应用。
案例量	自2013年以来，完成项目500多个，交付超过10万套。

　　2018年开始很多新建住宅项目都以精装修形式向市场销售，整体厨房、卫生间在住宅中的应用比例逐渐增加。2020年7月，住房和城乡建设部、国家发改委、科技部等13部门联合印发了《关于推动智能建造与建筑工业化协同发展的指导意见》（以下简称《指导意见》），提出要以大力发展建筑工业化为载体，以数字化、智能化升级为动力，创新突破相关核心技术，加大智能建造在工程建设各环节的应用，形成涵盖科研、设计、生产加工、施工装配、运营等全产业链融合一体的智能建造产业体系。

　　鸿力创造了第三代装配式整体卫生间——蜂窝复合材料装配式整体卫生间。将蜂窝复合材料应用于整体卫生间的工艺已获多项国家发明专利。这是一项由我国完全自主创新、并且领先于世界的技术发明，同时也是中国对全球"建筑产业现代化"需求和趋势的实质贡献之一。

1. 蜂窝材料与智能建造

　　蜂窝材料（Honeycomb Material）的应用原理是模拟自然界蜂巢的奇妙六边形结构，利用其力学特性，将材料的高强度和轻量化结合到极致。这种既轻又强的材料最早应用于现代航空航天工程，航天飞行器返回舱外罩全部由正六边形蜂窝包覆而成，实现了用最省的材料提供最大的强度。

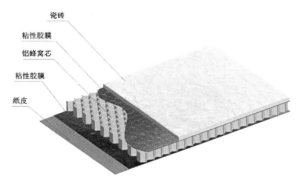
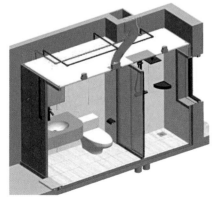

图2　蜂窝材料六边形结构

实体材料蜂窝化是"建筑产业现代化"的最佳技术路径

"建筑产业现代化"的一个核心内容就是装配式建筑部品的大面积实施。装配式建筑部品的应用离不开材料的"轻"和"强",而鸿力首先提出和持续实践的"实体材料蜂窝化"就是将"轻"和"强"这两大特性结合到人类结构方式的极致。

无论从数学和力学的原理,还是从自然进化的蜂巢到航天航空器材的大量应用,从碳原子的结构到石墨烯、气凝胶材料的诞生,都反复证明了这一点。新的生产方式即将取代、摧毁旧传统湿贴、现场施工生产方式。建筑业新的时代即将颠覆旧时代。就像家具工业让木匠消失一样,装配式建筑将完全取代"泥水匠"。

图3 样板间

防水底盘技术

利用铝芯蜂窝、聚氨酯在高温高压状态下一次成型,具有超高强度和超强的抗弯性能,采用9层复合防水结构,墙体全部位于防水盘体内部,确保卫生间内所有的水都能流回底盘。

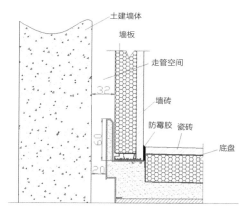

图4　卫生间墙面解剖图　　　　　　　　　　图5　底盘结构图

防水墙体、顶棚技术

采用铝芯蜂窝、瓷砖在高温高压下，一次压合成大尺寸瓷砖墙板。墙板与墙板之间采用榫卯结构快速装配，拼缝面采用环氧美缝剂密封，背面采用柔性胶条挤压密封，防止微振动造成的渗漏。

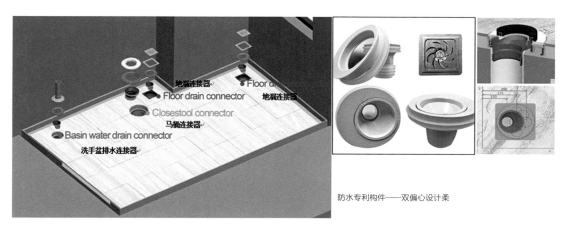

防水专利构件——双偏心设计柔

图6　防水专利构件

底盘与楼面排水管的防水衔接技术

创造性运用双偏心环，容许正负25mm偏差，全密封圈防漏水防臭气，软连接效果容许地盘与排水管之间一定幅度挠动，安装时完全不需要现场打胶。

快装结构技术

由于安装整体卫生间时，四面结构墙体已施工完成，人不能去到墙板背面操作，而墙板正面是瓷砖，不可能增加安装固定结构，需要开发一种新型快装结构。该项目创造性地采用了榫卯技术，同时用柔性密封胶条实现墙体拼缝的密封，该技术的采用可以实现在2个人的情况下，1小时内完成四周墙体安装。

复合材料配方技术

整体卫生间主体材料采用复合技术制造，而复合材料的核心是粘接材料，鸿力沉淀了多年的配方技术和经验，保障产品的可靠性和耐久性。

设备研发及制造技术

该项目为世界首创，市面没有现成的设备，鸿力成立了专门的设备研发团队，在产线布局、机构传动、PLC控制领域均有专业工程师进行自主研发。目前拥有自动化模压底盘生产线和大幅面瓷砖墙体生产线两大生产线的制造技术（墙板线、顶板线、底盘线）。

鸿力对全系生产设备进行了全面升级，关键工序增加数控和自动化改造，使产能大幅提升、品质更加稳定、作业环境及劳动强度大为改善。

图7　生产车间场景

- 运用激光焊接机械手
- 自动喷淋胶系统
- 高效节能的自动温控系统
- 五轴水刀全面使用，使产品尺寸精度大幅提升
- 自动卸模机减轻工人的作业强度
- 自动化型材加工设备

关键原材料

- 瓷砖、人造石、VCM
- 铝蜂窝芯
- PUR
- 铝型材
- ABS料及PA连接件

生产流程图

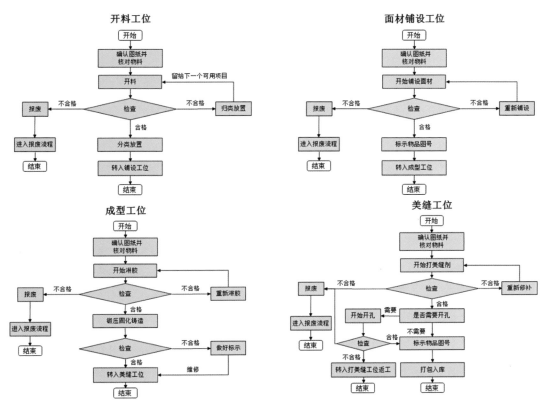

开料工位

开始 → 确认图纸并核对物料 → 开料 ← 留给下一个可用项目

检查：
- 不含格 → 报废 → 进入报废流程 → 结束
- 合格 → 分类放置 → 转入铺设工位 → 结束
- 不含格 → 归类放置

面材铺设工位

开始 → 确认图纸并核对物料 → 开始铺设面材

检查：
- 不含格 → 报废 → 进入报废流程 → 结束
- 合格 → 标示物品图号 → 转入成型工位 → 结束
- 不含格 → 重新铺设

成型工位

开始 → 确认图纸并核对物料 → 开始淋胶

检查：
- 不含格 → 报废 → 进入报废流程 → 结束
- 合格 → 锻压固化铸造
- 不含格 → 重新淋胶

检查：
- 合格 → 转入美缝工位 → 结束
- 不含格 → 做好标示 → 维修

美缝工位

开始 → 确认图纸并核对物料 → 开始打美缝剂

检查：
- 不含格 → 报废 → 进入报废流程 → 结束
- 合格 → 是否需要开孔
- 不含格 → 重新修补

是否需要开孔：
- 需要 → 开始开孔 → 检查
- 不需要 → 标示物品图号

检查：
- 合格 → 标示物品图号 → 打包入库 → 结束
- 不含格 → 转入打美缝工位返工 → 结束

图8 生产流程图

项目	过程或方法	结果	测试单位
国标全项	GB/T 13095-2008	全项合格	NCCS 国家陶瓷及水暖卫浴产品质量检验监督中心 → 国家建筑卫生陶瓷质量监督检验中心
耐湿性	环境温度 35℃，湿度大于或等于 95%RH 条件下放置 24h	无起泡、起鼓、凹凸、破裂等外观问题，无力学性能破坏	
冷热循环	80 ℃ 4h,23 ℃ 5h,-40 ℃ 1.5h,23℃ 0.5h,70℃ 相对湿度 95% 放置 3h,23℃ 0.5h,-40℃ 1.5h,23℃ 0.5h 上述为一个循环，共 4 个循环。	无起泡、起鼓、凹凸、破裂等外观问题，无力学性能破坏	
热老化试验	70℃ 条件下，存放 168h	无起泡、起鼓、凹凸、破裂等外观问题，无力学性能破坏	SGS 通标标准技术服务有限公司 → 瑞士SGS集团 → 国家质量技术监督局
低温落球测试	在 -30℃ 条件下，模拟实际状态安装固定，在样品最薄弱处正上方 200mm 高度让直径 38.1mm，质量 230g 的钢球自由落下，找 3 个点测试。	样品经落球冲击后无破裂损坏现象。	
总挥发有机物		0.1228mg/m2h（国家要求）（0.6mg/m2h）	
甲醛含量		0.018mg/m2h（国家要求）（0.1mg/m2h）	GML 广州市建筑材料工业研究所有限公司 → 广州建筑材料研究所 → 万科建筑研究院
墙体抗冲击	用 30KG 沙袋（两倍于国际）冲击 15 次	产品完好	
墙体抗弯承载		自身重量的 8 倍（国标轻质条块要求 1.5 倍合格）	
瓷砖拉拔力		任一点不低于 0.7MP（国标平均 0.4MP）	
隔音测试		35 分贝（国家轻质条块要求 32 分贝）	

图9 性能测试结果

2. 技术创新

结构设计创新：底盘系统防水设计

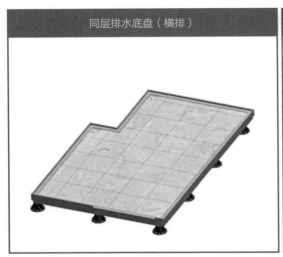
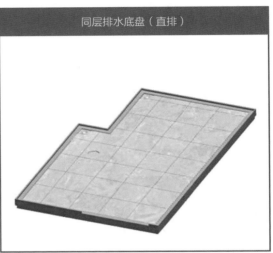

图10　同层排水底盘

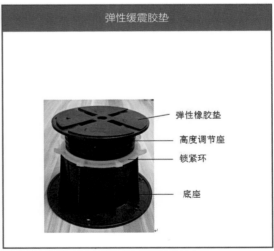

图11　排水底盘构件

- 预制流水坡度，安装便捷
- 同层排水/隔层排水/集成排水均可适应
- 底盘挡水边高度增加到6cm，超行业2cm标准，使用更安心
- 多层复合防水结构，出厂前100%蓄水测试，集成排水，可实现四水合一。
- 自主研发并批量投入使用的大接触面、配备弹性缓震胶垫、可随意调节高度并锁紧的底盘支撑器，是底盘调平、稳固、隔声、大幅降低空鼓感的利器。

结构设计创新——集成一体式下沉天花

由铝蜂窝和铝塑板复合而成，色彩丰富、表面平整、质感良好，易成型、强度高是整体天棚的最大优点。将排风、照明、检修窗、浴霸等集成于一体。

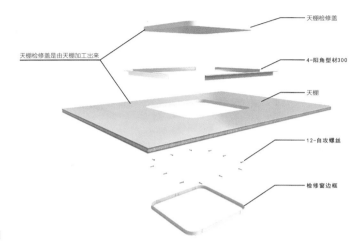

天棚检修盖是由天棚加工出来

天棚检修盖

4-阳角型材300

天棚

12-自攻螺丝

检修窗边框

图12　天棚结构图

管线连接方式

给水走管设计，给水主管贴楼板顶部伸出冷热支管，整体卫浴PPR4分管引至在墙板背面对接。

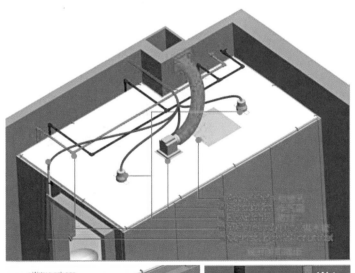

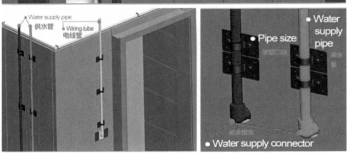

图13　顶部管线连接

新工艺展示——集成排水底盘

一个普通卫生间的内部管道连接不少于50个接口，这些接口大部分由工人现场盲接，是不是漏水很难检测。为了提升质量，降低现场的人工误差，鸿力研发了集成排水地盘系统。

该结构将标准排水管件及排水接头预埋到防水底盘内部，可将多个地漏、台盆、洗衣机的污水集中到一个排水口排出。

排水口位于底盘侧面，在侧排水口外部设置专用水封结构，直接在同层接至立管，配合侧排马桶，实现污废水全部同层排。

该结构不需要到工地现场接驳底盘下方的排水管，极大提高安装效率。多层复合防水结构，出厂前100%蓄水测试，集成排水，可实现四水合一。

预制流水坡度，工厂制作一次浇筑成型。

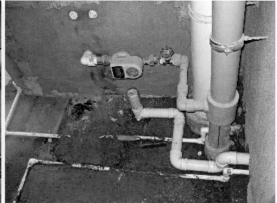

图14 卫生间传统施工

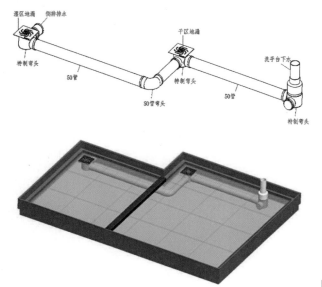

图15 鸿力集成排水底盘

3. 铝蜂窝复合瓷砖石材体系——公共卫生间

铝芯蜂窝复合瓷砖夹层装配式整体卫生间

本款产品加载最新集成排水地盘技术+壁龛工艺。

图16　产品应用展示——公共卫生间

马桶背面区域　　　　　　整体外观　　　　　　　夹层卫生间-整体效果

落地式马桶配挂墙式水箱，水箱固定于整体卫浴墙板背面

地漏管集成于底盘侧出水至管井与50管存水弯对接；
马桶管墙排与110管三通对接

马桶水箱安装连接　　　　　　排水管连接　　　　　　浴室柜连接　　等电位盒连接

图17　产品应用展示

产品性能 表2

序号	项目	对象	标准	测试依据
1	外观	防水盘、壁板、顶板	正面不允许有裂纹、缺损、小孔等缺陷	GB/T 13095
2	挠度	防水盘	≤3mm	GB/T 13095
3	耐热水	防水盘、壁板、顶板	没有开裂、鼓起	GB/T 13095附录B
4	耐酸性	防水盘	3%浓度表面不出现裂痕膨胀，巴氏硬度要在30以上	GB/T 13095附录B
		壁板、顶板	表面不出现裂痕膨胀，巴氏硬度要在30以上	GB/T 13095附录B
5	耐碱	防水盘	5%浓度表面不出现裂痕膨胀，巴氏硬度要在30以上	GB/T 13095附录B
		壁板、顶板	表面不出现裂痕膨胀，巴氏硬度要在30以上	GB/T 13095附录B
6	耐洗涤	防水盘、壁板、顶板	24小时后的色差≤3	50mm×50mm的试验片泡在清洗浴缸的中性洗涤液（温度75℃）
7	耐污染	防水盘、壁板、顶板	色差≤3.5	GB/T 13095附录B
8	耐砂袋冲击	防水盘	表面无裂纹、无剥落、无破损等异常现象	GB/T 13095附录B
		壁板		GB/T 13095 7.8
9	耐磨损	防水盘	耐磨系数≥5000转或磨耗量≤20mg/100r	GB/T 13095附录B
10	耐腐蚀	镀层配件	9级以上	
11	耐湿热	整体	无裂纹、无气泡、无剥落、没有明显变色	GB/T 13095 7.6
12	连接部位密封性	整体	无渗漏	GB/T 13095 7
13	顶板承载性能	顶板（均布加载160N/m²，5min）	永久变形量≤2mm	
		功能模块（自身重量的4倍，5min）	试验后模块应无松动或脱落现象	
14	燃烧性能	防水盘、壁板、顶板	氧指数≥32	JG/T 183
15	防滑性能	防水盘	静摩擦系数COF≥0.6（干态）防滑值BPN≥60（湿态）	JG/T 467 JG/T 331

4. 案例展示

成品住宅——保利华侨城云禧

保利华侨城云禧坐落于广钢南·南站旁，所属区域为南海三山新城，片区整体发展还不错，项目价格33000元/m²，占地111401.00m²，建筑用地485017.00m²，房屋户数1100户，容积率3.2，绿化率35.07%，项目于2020年11月14日开盘，交房时间为2022年08月31日。

图18 项目鸟瞰图 图19 园区内景图效果图

保利华侨城云禧是保利华南首个第六代人居产品体系，项目以人本为出发，定制最高规格的全新产品，10000m²自然生态公园，是佛山首个华为智慧社区。一系列尖端配套，打造广佛人居新标杆。

项目推出建面约84～129m²三四房。每个户型方正实用，均有入户玄关。进门之后，一旁的玄关除了超大鞋柜外还配备室内鞋柜消毒器，异味与细菌无处遁形。

装配式卫生间充满惊喜体验，一体式集成排水石材底盘，脚感舒适，石材的光泽润滑，给人非常舒适的体验，900mm×1800mm的瓷砖中板，接缝平滑，整体感强，下沉式集成天花，自由安装浴霸及各种智能设备；马桶喷枪和抗菌地漏带

图20 建筑效果图外立面

走卫生间污水与废气；紧急求助按钮全程守护家人的洗浴安全；预留澡盆位充分利用好卫生间仅有空间，还有美颜灯让女主人一整天容光焕发。

所有安装工作全部在卫生间完成面内侧完成，无需为安装特别预留空间；全部榫卯结构和机械密封连接，全过程不需要一颗钉子；能在工厂完成的工作全部在工厂完成，留给现场最简单、最不容易出错的工作；因墙板、底盘等部件强度好、刚性好，现场可以一次性安装完毕，无需反复调试。

每年3-4月，从南海吹来的暖湿气流，与从中国北方南下的冷空气相遇，形成令人烦恼的"回南天"。而在室内，由于暖湿空气中含有大量水蒸气，水蒸气在遇到墙壁、地板等较冷的物体表面时会迅速液化，产生水滴，且温差越大，形成的水滴越多。其中，厨房、卫生间、瓷片、玻璃等处常常是"回南天"的重灾区。在这种环境下生活，人体容易被快速滋生的细菌、霉菌侵害，引发呼吸系统等多种疾病。

铝芯蜂窝复合瓷砖/石材装配式卫生间，低碳环保的同时还可以避免墙面挂水，这与所用建筑材料的比热容有着密切的关系。比热容是一个常见的物理量，它表示的是物体吸热或散热能力。不同物质的比热容不同，相同质量和温升时，比热容越大的物体需要更多的热能。为了解决厨房及卫浴间易潮易湿这一难题，鸿力组建专家团队，利用铝蜂窝结构比热容较小的特性，经过多次探索与试验，最终研发出铝蜂窝复合瓷砖这一专利技术，使瓷砖不仅重量轻、刚性好，且能有效防水防

D户型公卫布局图
整体浴室外尺寸：1560×2460×2390mm
整体浴室内尺寸：1456×2356×2310mm
门洞尺寸：800×2250mm
窗洞尺寸：800×1700mm
飘窗深度：739mm
飘窗侧面用湿法贴砖
切角尺寸：350×850mm
排水方式：同层排
地脚：有地脚（12个）
是否分底盘：整体人造石底盘
挡水坎：60×30×1106mm
布局中所示模型仅供参考，具体明细以配置清单为准

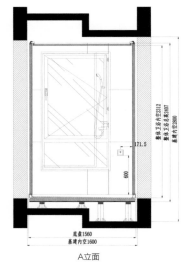

A立面

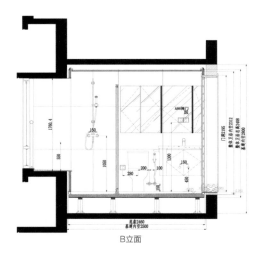

B立面

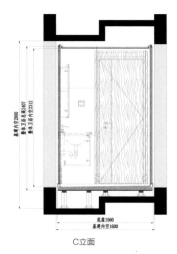

C立面

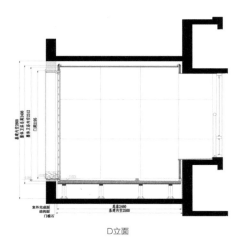

D立面

图21 客卧卫生间

 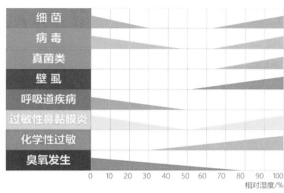

图22　主卧卫生间　　　　　　图23　"回南天"环境与人体健康

潮。目前，该专利技术已得到国家知识产权局权威认证。

　　铝芯蜂窝复合瓷砖/石材装配式卫生间，在瓷砖背面创造性运用铝蜂窝结构，相比于传统的砂浆水泥，铝蜂窝的比热容较小，当室内温度发生变化时，铝蜂窝通过吸收少量热能即可快速与空气温度保持一致，从而避免了空气中水蒸气因温差而发生液化，使整体厨卫空间在"回南天"气候条件下仍能保持干爽舒适，拒绝"水帘洞"场景的出现。

5. 整体卫浴应用代表案例

数量	交付时间	项目内容
3662套	2018年	精装住宅项目（装配式整体卫生间+整体厨房）

图24　应用案例1　西安万科东方传奇

　　西安万科东方传奇

　　各户型的硬装风格和软装方案都提供菜单式选项，客户可根据自身偏好，选择自己所喜欢的硬装色调和房型。引入先进的穿插施工管理，在结构施工阶段就开始进行主体结构验收，与装修施工并行，实现楼上混凝土、楼下装修的穿插并行状态，同一时间结构装修两不误。

数量	交付时间	项目内容
356套	2018年	精装住宅项目（装配式整体卫生间）

图25　应用案例2　广州保利罗兰国际

保利罗兰国际位于广州市黄埔科学城，由广州萝城房地产开发有限公司建成，总建筑面积545478m²，总占地面积144472m²，共计房屋3035户。

数量	交付时间	项目内容
2411套	2019年	精装保障房项目（装配式整体卫生间）

图26　应用案例3　北京金隅中关村西三旗

北京金隅中关村西三旗

金隅西三旗地块位于北京海淀区东北角，地块四至南与东升科技园二期接壤，北到西三旗建材城路，东临昌平区东小口镇，西靠北新建材国家机关保障性住宅用地。总用地面积29.26万m²，总建筑面积69万m²，规划用途为科研。

数量	交付时间	项目内容
368套	2017年	精装公寓项目（装配式整体卫生间）

图27　应用案例4　上海万科泊寓

　　泊寓是万科集团长租公寓品牌，泊寓提倡时尚品质生活，打造城市青年家主题公寓。

　　针对泊寓项目研发的卫生间解决方案，整个卫生间的面积不到2m²，但是麻雀虽小，五脏俱全。所有的功能齐备，并因为工业定制的原因，更加优化了卫生间的布局，提高了客户的使用体验。

数量	交付时间	项目内容
3780套	2017年	精装酒店项目（装配式整体卫生间）

图28　应用案例5　深圳维也纳三好店

深圳维也纳三好店

　　维也纳三好酒店是家居环保主题精品酒店领军品牌，以"环保健康"为核心定位，所有用材都遵循国际流行的健康环保要求。铝芯蜂窝复合瓷砖体系整体卫浴完全按照维也纳酒店对于客房的统一设计要求，定制瓷砖铺贴样式并在工厂预制完成，去到现场只需拼装，安装快捷并且没有施工噪音，完全可以实现逐步分区安装，不影响酒店正常营业。

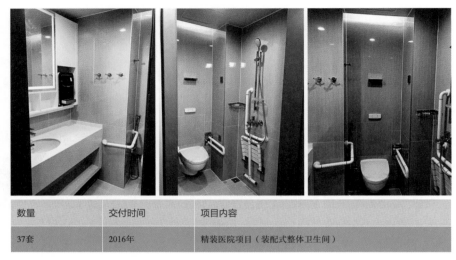

数量	交付时间	项目内容
37套	2016年	精装医院项目（装配式整体卫生间）

图29　应用案例6　天津第一中心医院

天津第一中心医院扩建工程位于天津市西青区侯台风景区东南侧，工程占地面积10.22万m²，总建筑面积38万m²。新医院共建设床位2000张，每日可以接待患者6500人次左右，本次在部分病房内采用瓷砖体系装配式整体卫生间，希望能更好地优化卫生间瓷砖面的平整度，减少藏污纳垢的可能性，并且铝芯蜂窝复合瓷砖体系整体卫浴产品本身没有含水层，使得卫生间能更加清爽洁净。

数量	交付时间	项目内容
3334套	2019年	精装夹层loft公寓项目（装配式整体卫生间）

图30　应用案例7　佛山旭辉合盈家园

佛山旭辉合盈家园

项目地块位于佛山市禅城区汾江北路和文昌路交汇处，交通便捷，4.5m层高loft。公寓采用钢结构楼板结合铝芯蜂窝复合瓷砖集成排水底盘卫浴方案+侧排马桶，彻底释放层高，在保证二楼卫浴功能齐备的情况下，二楼净空1.98m，一楼净空2.3m，装配式瓷砖体系卫浴及厨房产品，很好地解决了loft层高及功能性问题。

团队合影

鸿力技术团队
整理：林惠子

刘素华

苏州科逸住宅设备股份有限公司营销副总裁、装配式全装部总经理,学士学位,国家装配式高级工程师。拥有十余年的装配式内装市场营销管理经验,参与编写《2020-2021年住宅装配化装修主要部品尺寸指南》《装配式内装修行业发展白皮书》《养老设施与适老建筑部品体系标准》等十余部行业标准;第一届装配式建筑专业委员会常务委员。参与万科、龙湖、金茂等多家房企精装标准化户型内装配式集成厨卫区域的设计与研发;牵头装配式营销整体浴室超50万套;在多个获得"詹天佑奖""鲁班奖"装配式项目和省级装配式示范项目中主持集成厨卫板块的产品施工管理工作。

设计理念

面对国内装配式行业快速发展现状，如何实现装配式部品从工业化实现到社会化的转变？如何从单一装配部品供给到完善的装配式内装系统协同推进，实现装配式内装部品与建筑土建结构、装修、运维等多方协同？科逸在现有的产品基础上，不断加强装配式部品的创新，产品研发站在装配式装修全周期的角度考量。从点到面，多角度渗透延伸，给予装配式部品更为全面、完善的生命力；让客户感受到科逸装配式部品带来的居住品质的提升，促进装配化装修产业健康、高效发展。

访谈现场

访谈

Q 刘总您好，科逸深耕于装配式内装行业多年，您能谈谈有哪些优势吗？

A 在装配式行业中，科逸可以说是行业的先行者，对装配式整体浴室行业的发展从产品定位、工厂布局到市场推广都发挥了一定的引领作用，并且还在继续努力保持。所以可以说在装配式内装行业，科逸具备绝对优势。

首先，科逸具备完善的生产布局。科逸现在有七个在投产的工厂，可辐射到华东、华北、华中、西南、华南五大区域的产品供给，做到产品端和客户端紧密连接，做到最后一公里的快速服务落地，增强服务的时效性，缩减运输半径。

其次，先进的制造理念。科逸经过十几年的生产积累，具备丰富的制造经验和先进的产线设备；目前科逸已实现超100万套的整体浴室生产。科逸2.0版工厂在原工厂产线布局的基础上，建设多元化产品线，集整体浴室、浇筑部品、集成厨房、装配式墙地面等多条部品产线为一体的综合性工厂；且在产线布局方面，增设高端机械手臂、立体仓储，真正实现智能制造。未来科逸还将着重从节能减排和资源回收利用等方面布局上下游产线，从花园式工厂的建设到绿色制造的实现，科逸一直在努力奔跑，不断前行。

第三，清晰的产品研发方向和定位。在十几年的发展过程中，科逸一直不断增加研发投入，始终坚持的匠心精神和专业服务都体现在高品质的产品中。100万套的产品使用足以用数据诠释科逸通过技术革新、产品创新、品牌焕新等手段为客户提供高品质的住宅部品解决方案，也能够让用户深切地感受到科逸产品的材质优势以及设计理念的领先性。未来科逸将秉持高端的设计水准，以及灵活的装配式内装技术，为未来居所构建无限可能，助力装配式内装行业走向更好的明天！

科逸一直都是行业的积极推进者和参与者，曾参与多项国标、地标、行标的制定。作为装配式行业典型的企业代表之一，我们深刻体悟到建筑工业化发展已然成为当下时代发展的主题之一，推动建筑技术变革，加速建筑产业化升级已经成为不可逆转的时代趋势。对于科逸人来说，我们在未来的行业发展中，更应该坚定不移继续前行在助力建筑工业化发展的道路上，坚持技术创新、行业人才培养、产品技术升级、打造生态环保、紧跟政策先导、使用优质便捷的装配式内装领先级部品体系，将新型的建造理念融入生产活动当中，利用企业综合优势，协同其他优秀的行业兄弟企业同心发展，为建筑工业化的高速发展贡献自己的一分力量。

Q　**您作为科逸主管装配式全装的总经理，有什么体会和感想？**

A　说到装配式装修，十几年整体浴室市场的开发与施工管理的从业经验，给了我大量的学习机会。同时，通过对具体项目的落地管理，加强了我对于装配式装修的认知与思考。代表科逸参编的《住宅装配化装修主要部品部件尺寸指南》在前两天刚刚组织了第一次验收，近一年的参编过程使我有幸能向行业内专家学习，与其分享、交流，感悟深刻。

国内目前的装配化装修行业仍然处于初始阶段，开发商、设计院、施工单位、部品制造商等各行业在意识认知和协作衔接等方面还存在相当大的问题。行业协同发展不足：不同领域的行业从业者首先都会以自己的角度考虑问题，考虑不到上下游产业统一协调。做装修指南初衷，也是希望将标准化的理念贯穿于整个住宅装配式装修的设计，然后投入生产和施工运营，希望在全过程中能够彼此协同，这是未来国内装配式行业从业者共同努力的方向。通过标准化部品和少量非标的装配式组合，施工落地，用少规格多组合的方式来满足市场多元化的需求。另外，最重要的就是在施工端口或终端客户使用端口入手，提高效率、节约成本，进而提升装配式住宅的装修水平。

推进装修行业的绿色、低碳和高质量发展，是建筑领域实现碳达峰、碳中和的重要手段。举例集成式卫生间：集成式卫生间通过管线结构分离、工厂预制生产、现场干法施工等手段，可有效解决传统卫生间存在施工污染多、资源浪费多、质量参差不齐、运维服务难度大等问题。目前集成式卫生间开发生产仍处于自发阶段，存在标准化程度低、产业链发展不足、生产成本较高、技术人才匮乏等问题，通过对问题的研究和梳理，提出装配式卫生间发展的对策和建议：通过大力推行集成卫生间标准化设计，加快培育集成式卫生间产业集群，加强适用技术产品的研发和推广，拓展集成式卫生间的应用领域，加强专业技术人才队伍建设等措施，进一步提升住宅装修品质和人居环境，满足人民群众对美好生活的向往。同比其他的装配式部品的行业痛点，与集成式卫生间基本类似，而装配式装修就是由这些系统组合而成，做好装配式装修的前提，也一定是要逐一解决构成系统的行业痛点，实现多系统的完美结合，才能形成完整完善的装配式装修体系。

没有部品的标准化，内装的标准化，也就意味着无法实现建筑的标准化和工艺工法的提高。现阶段我国建筑领域面临人口老龄化加剧、建筑工人短缺和施工技术参差不齐等问题，无法保证装修的效率和品质，也很难推动国内装配式内装的良性发展。装配式内装必须实现设计、建造、装修、部品等多方协同，才能对甲方开发商和末端使用业主负责。无论是通过强制性的要求还是指导性的引导，目前在国内急需一个权威部门或者组织发起，协调各大行业的主要企业单位，系统地解决这个问题。装配式绝对不能是局部利益考量，也不仅仅局限于制造行业，它一定是多维度的全面考量。必须能实现多方协同，才能实现装配化装修的效率、质量、价格、运维的综合最优。

之前传统装修行业里流行一句话叫"万能的装修"。传统的装修为什么"万能"？因为所有的结构误差、设计误差、建筑误差，最后全部会集中到内装环节来解决；现场会产生大量的裁切，并导致大量的建筑污染、垃圾污染、噪声污染，而且最终呈现的效果也未必是好的。就像公差叠加一样，叠加到最后，只有传统的装修可以兜底解决，"万能"是用建筑垃圾、质量不稳、细节不到位、浪费多、污染多换来的。装修本不应该如此，我们需要转变这个观念！试想如果我们从内装部品的设计端、制造端口，施工端、运维端通过标准化，上下互联的理念，再通过产业化的工人高精度作业，把部品和生产误差控制在一个相对合理的范围，呈现给老百姓的就是最完善、最高效、有品质的施工效果。

内装的主力消费群体从早期的60、70后变成如今的80、90、00后，新生代的消费群体更加注重新型的设计理念以及快装简易化的装修方式，更加注重环保。随着人民群众经济收入和生活水平的提高，生活方式的改变，制造业在产品的材料性能研究方面，务必朝着追求无毒、无辐射、无有害物质进行，给人们带来安全舒适的居住环境。

Q **有部分从业者提出，现在所谓的装配式装修，就是把传统的材料在工厂里变成状态化，材料本质并没有发生变化，实际上是个伪装配式命题，您对此怎么看呢？**

A 伪装配式肯定是存在的，尤其在集成卫浴行业颇多。有些情况可能是行业发展过程中的无奈，也有些情况确实属于从业者对于产品和行业的发展方向认知不清晰，导致单纯地迎合市场却未能达到预期。例如，科逸在2009年就与万科达成建研合作，整体浴室产品参与到万科的户型标准化的研发体系内，当时对于SMC系列的整体浴室应用在精装住宅内属于先例，对于精装设计师而言，更希望能够研发出墙面材类传统瓷砖效果的整体浴室；所以当时我们研发部门的同事做了大量的测试工作，最后出来的结果仍然是瓷砖复合基层的整体浴室确实存在很多弊端，比如瓷砖从300mm×600mm/400mm×800mm的单片复合成800mm/900mm×2400mm的整块墙面，一是在生产和运输过程中不仅没有节省人工和时间，反而加大了瓷砖的损耗率；二是重量也翻倍递增，平行和垂直运输都存在困难；三是施工过程中，加大了施工难度，更重要的是在运维角度，产品的安全隐患和维修困难也是不得不考虑的问题。一方面是甲方对于产品的需求，另一方面是对于产品不可避免的缺陷，是否需要迎合甲方需求，在两三年的来回测试研发期间，都处于纠结的状态。后来我们最终的决定是暂时放弃此类产品的研发，专心做SMC体系的整体浴室，将SMC的产品研发彩色覆膜的墙板，尽可能满足颜值的需求。在后来的三五年内，彩色覆膜的SMC产品也获得了一定的市场占有份额，成为整体浴室的典型代表体系，且独领国内整体浴室行业十几年。后来行业内其他家也出现了瓷砖复合的产品，在当时的市场需求下，掀起了一阵风潮，但是项目批量落地的过程中，确实也证实了此类产品的各类弊端，做不了大体量项目，安装价格高、施工难度大、损耗多、运维难度大成了此类产品的代名词。迎合市场发展是产品研发的导向，但不应拿客户当儿戏，更不能拿老百姓来试错，是作为制造型企业最基本的底线。

产品的迭代是行业发展过程中必须考虑的首要因素，虽然当时我司阶段性放弃了瓷砖饰面的整体浴室研发，但是在后来近十年的发展中，我司的研发部门一直在不断地寻求新型材料，希望既能满足中国老百姓对于瓷砖的颜值需求，又能够满足工业化产品，施工简单高效、安全便利的整体浴室。2018年，我们终于首创国内第一条墙面材料为复合陶瓷薄板的整体浴室，但直到2019年6月才将产品公开发布。复合陶瓷薄板产品采用4.8毫米厚的陶瓷薄板饰面，后附铝蜂窝基层，轻是它的核心优势；而在构造上，延续SMC体系的稳定拼接构造，用结构来解决防水问题。产品面世后，短期内成为万科、龙湖、金茂等地产的集采战略产品。高颜值、易施工的产品体系获得了客户的广泛认可。从2009年到2018年近十年的时间，这个过程中有对市场需求的纠结、有对伪工业化产品的放弃、有对品质的追求，也有对用户负责的态度。以当时科逸的市场占有率，如果批量贸然使用瓷砖类整体浴室，一定会在短期内获取大量的市场份额，可是随之而来的施工隐患、交付风险、大量的售后维修等问题，可能会将一个品牌数十年的努力化为乌有。近十年的时间，我们可能放弃了一大片市场，但是终究维护了整个行业的良性发展。

如果上面是伪工业化产品的例子，那在制造业更存在伪工业化制造的情况。比如我们目前很多企业提出智能建造、智能工地、智能仓储等概念，而实际情况却是一个机器人需要两三个或更多的自然人来配合，且可能还没有单纯的人员操作来得省心；这只能说是一个噱头，实际操作中需要付出更多的精力和成本。而立体仓储的概念，从进仓到出仓，立体的概念还不如平行式运输方便和省时。这些其实只有真正做制造的企业才能体会到。其实对于装配式行业而言，装配式部品的研发迭代、装配式部品工厂的生产革新、装配式施工的降本增效都是随着时间、随着行业的联合推动、随着从业人员十几年或几十年如一日的坚持不懈才能够良性发展。作为科逸人，作为装配式行业的从业人员，我希望通过扎实的工作，在平凡的岗位上贡献自己的微薄之力；而科逸身为中国装配式制造业的一员，也将以加快推进住宅产业化的发展为使命，将企业追求与人民的宜居幸福紧密联系起来，与时俱进，努力开发好产品、好材料，将科逸的新产品、新工艺、新工法和新材料在经过完善的论证后，推向市场，担负起整体浴室行业领军者的使命和责任。

Q 您从业十九年，对这个行业有独到的体会和理解，那么对行业的未来有什么建议呢？

A 中国正面临人口老龄化日益加重的现实问题，我们注意到在施工中建筑工人、手艺工人的短缺，一方面直接导致劳务成本快速上升，另一方面造成传统方法施工的质量无法保障且管理难度增加。此外，在传统施工过程中产生大量建筑垃圾，反复拆改、材料损耗，浪费资源，也是我们必须认真对待的现实问题。从发达国家的经验看，中国的装配式建造是势在必行。我国人口基数大，建筑质量、居住品质也有待提升，建筑行业的革新迫在眉睫。个人认为目前装配式行业属于野蛮生长期，观察问题的角度不同，结论和诉求也会不同，有些从业人士认为可以容忍中国的装配式在一定时期内野蛮发展，中国地大物博，人文区域不同导致装配式的特性也有差异化。但也有一些人认为需要快速规整行业痛点，强制推进装配率的落地。个人认为应从以下几个维度，促进装配式建筑行业的发展：

（一）大力推行装配式内装部品的标准化设计

在装配式部品部件的研发设计中，应充分考虑部品部件设计、生产、运输、安装和运维等各环节，在"少规格、多组合"上下功夫，大力推行标准化设计，发挥设计的统筹引领作用，提高装配式卫生间主要部品部件标准化水平；且在与建筑结构的模数上实现匹配，做好衔接。

（二）加快培育装配式行业产业集群

装配式行业目前在国内是新兴行业，总体来看，主要以中小企业为主，行业集中度不高，综合实力还相对较弱。装配式企业要发展产业集群，以专业化分工与社会化协作提高工业化水平，从而提高装配式整体行业的质量和效益。完善上下游产业链，制定相关接口和质量标准，破解上下游企业间的壁垒，从设计、生产、施工、运维等环节做深产业集群，避免现场切割、剔槽等环境污染、噪声作业，提升装配化装修的品质。

（三）拓展装配式装修的应用领域

近年来，随着国内装配式装修的快速发展，装配式产品和工艺工法不断丰富，产品性能不断改善。推进装配化装修在商品住房项目中的应用，通过成熟先进的产品、绿色环保的材料，完善装配式装修的使用功能，提高产品的耐久性和舒适度，提升科技含量和产品质量，满足商品住房的要求。另外也呼吁用装配式装修的系统，解决城镇老旧小区房屋老化、设备陈旧、设施不全、施工难度较高、安全隐患突出等问题。

（四）加强专业技术人才队伍的建设

随着装配式建筑和装配式装修的快速发展，与装配式卫生间行业发展相匹配的人才缺乏和结构不合理的矛盾日益突显，在提升产品质量和产能的同时，应重视设计人员、管理人员、装配技术人员的培养和储备。打造专业化技术队伍，加强技术工人的培训，满足对安装和维修的专业技能要求。

经过十几年的发展，我们已经获得了相当宝贵的经验，没有理由止步不前。记得之前有位专家给我讲过一个案例：行业内出现因为PC厂家不赚钱而建议取消PC构建的装配率得分。这个案例实际上是目前装配式行业的缩影，从企业经营角度考虑，要盈利才得以生存，而从行业角度考虑，企业不能单纯地从利益出发衡量得失，而要以如何促使行业良性发展的角度来思考问题。没有行业何谈企业？而作为头部企业，无疑更需要担起推动行业良性发展的重任，繁琐的研发、试错和艰苦的推广可能从某种意义上讲，更需要有实力的企业更长久的付出和对行业的情怀才能坚持下去；而作为从业者，更希望为了中国建筑产业化的未来，为了老百姓居住品质的提高，呼吁行业从业者能够用更长远的眼光来看待利益。对于我们的客户端，更希望大家多给我们一些包容和时间，企业要先活下去，才有机会创造更大的价值，单纯地以价格来压制企业，有可能会限制行业的发展，甚至将行业扼杀在初期。

而对于装配式装修行业来说，未来的市场前景无疑非常值得期待，它可能催生一个万亿级的市场。装配式装修的根本目标是在节能减排的基础上让老百姓感受到居住品质的提升，而实现这个目标需要多方协作，各行业各端口都需要为这一利国利民的事业付出努力。我们不希望看到人们生活在危房或者充满甲醛、有害物质的房子里。我们更希望通过对装配式装修、对装配化部品的研究，推进装修行业的绿色、低碳和高质量发展，进一步提升住宅装修品质和人居环境，满足人民群众对美好生活的向往。

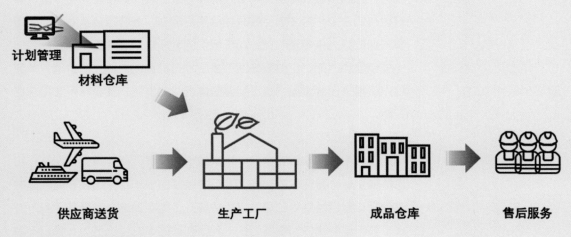

图1　科逸工厂生产匹配链

　　在绿色建筑已经成为时代发展主题之一的当下，安全健康、环保节能是人类对于住宅的重要诉求，科逸一直致力于生产能够帮助用户创造价值的产品，减少住宅在建造和使用过程中的能耗和排放。

　　目前，科逸已形成一套绿色环保的装配式内装部品整体解决方案，为建筑的高质量发展提供了强有力的保障。

　　公司拥有从SMC片材生产到部品设计生产制造，再到销售安装售后的全产业链优势，形成了整体浴室、集成厨房、浇筑部品以及全屋定制四大体系，产业协同能力强，部品体系完整。

　　2020年新冠疫情暴发，科逸针对病患和老年人的健康需求及卫浴设施在本次新冠疫情下暴露出来的共性问题，为人类的健康福祉发声和行动，研发出实现卫浴设施常态化防疫性能的解决方案，符合医疗适老卫浴系统防滑、防摔、抗菌等多种综合性需求，为病患和老年人带来新的体验和希望。

　　随着国家不断颁布政策文件来推动住宅产业化发展，并且明确住宅产业化是节能降耗的有效手段，作为工业化住宅典型部品的整体卫浴迎来了极大的政策利好。

　　地产市场方面，毛坯房交房已经不能满足市场的需求，精装房交房日趋盛行，但随着中国人口红利的逐渐消退，合格的建筑工人供不应求，传统的工程人工成本居高不下，这给整体卫浴扩大市场份额创造了良机。因为整体卫浴的设计、施工均由同一厂商提供，安装便捷，且用户后期使用维护阶段能够享受到较完善的质量保证。

整体卫浴相比于传统的卫浴间装修工程，在节水、节能、节时、节材、节地以及绿色环保等方面都具有明显优势。因此，整体卫浴的广泛应用无疑将大大推进我国的住宅工业化的进程，它不仅提高卫浴间的装修质量，还能降低能耗和污染排放，符合我国长期可持续发展的目标。在国家政策导向和全民环保意识增强的推动下，整体卫浴间替代传统卫浴间装修的趋势将不可阻挡。

1. 厂区布置及工艺流程

（1）科逸厂区布置

科逸工厂投建，主要从事整体浴室 SMC 系列、陶瓷薄板系列、彩钢板系列、整体厨房、部品部件的设计研发、生产制造及二次加工。

工厂建设生产线，主要包括：大型液压机、高精密模具、智能自动化生产设备及配套附属设备。

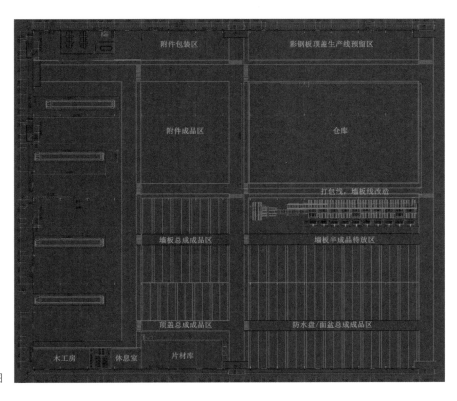

图2　工厂车间布局图

厂房具备SMC片材、整体浴室、集成厨房、智慧制造、部品家居、板材生产六大生产技术，形成高速运转的产品生产链。

工厂在工厂环境、生产规模、配套设施、生产水平等方面远高于行业水平，是集工厂生产、展厅展示、客户体验、商务洽谈于一体的住宅设备产业园。

（2）生产流程介绍

生产订单——技术处理流程

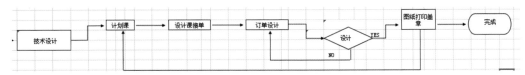

图3 技术处理流程图

生产订单——生产排程流程

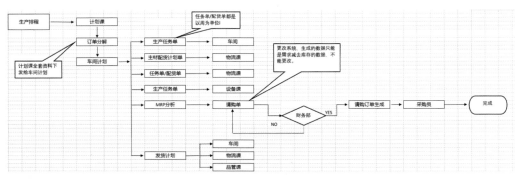

图4 生产排产流程图

生产订单——发货计划流程

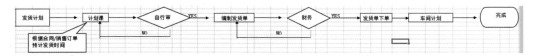

图5 发货计划流程图

生产订单——生产实施流程

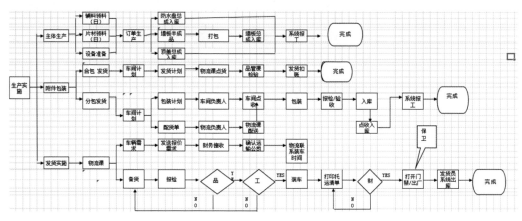

图6 生产实施流程图

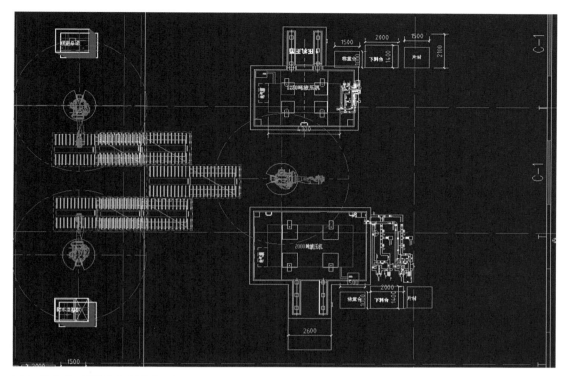

图7　防水盘、顶盖生产布局图

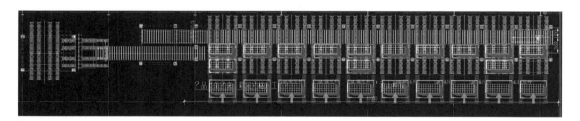

图8　墙板打包线

验货流程

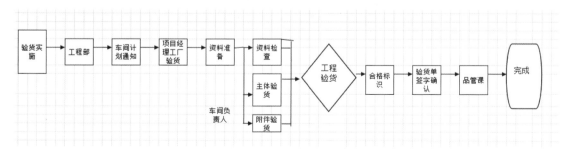

图9　验货流程图

（3）企业核心工艺及设备

科逸具备行业内先进的自动化生产线，包括SMC片料原材料生产线、SMC模压制品生产线、彩钢板生产线、复合陶瓷薄板生产线、软性人造石生产线、家具制品生产线。

公司为解决市场产品规格多样化的问题，总压机达到26台，总吨位达到30220吨，不同型号模具共400余副，为高质高效的装配式内装部品定制服务不断提升自身产能。

SMC片料原材料产线

片状模塑料（简称SMC）是由不饱和聚酯树脂、低收缩添加剂、填料、固化剂、增稠剂、脱模剂和玻璃纤维等组成的一种干片状的预浸料，具有收缩率低、强度高、成型方便等特点，特别适合工业化大规模生产。科逸拥有23条SMC片材生产线，从源头保证材料的稳定性，满足科逸内部供给。

科逸目前拥有全球先进的SMC材料研发及生产工艺，是整体浴室行业内为数不多的从源头片材自给自足的企业之一。SMC片料的生产，可以控制材料供货的周期，保证产品的交期，实现全流程的把控，给予客户准确的交货周期。

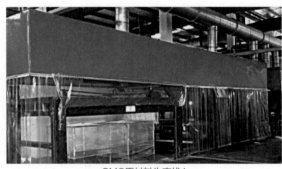
SMC原材料生产线1

SMC原材料生产线2

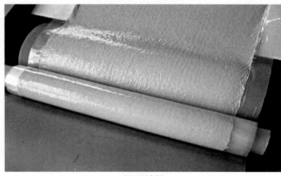
SMC片材

SMC片材包装存储

图10　SMC片材生产实景图

SMC模压产线设备

科逸生产基地SMC模压产线，大型液压机从3000T到320T，共67台液压机，适用于SMC底盘生产、SMC墙板生产、SMC顶盖生产、SMC台盆等生产。全自动机械手、半自动切料机辅材生产，降低人员成本，大大提高了生产效率。

1）SMC模压设备

整体浴室钢模

整体浴室压机

SMC整体浴室墙板

安装完毕的SMC整体浴室

图11　SMC模压设备实景图

2）SMC产品二次加工产线

SMC产品模压完成后，需进一步加工及处理，有环形流水线循环加工作业，效率得以保障。

墙板二次加工滚轴流水线

SMC防水底盘后加工

SMC浴缸后加工

SMC浴缸后加工完毕

图12　SMC产品二次加工实景图

彩钢板产线设备

引进国外生产设备数控冲床、折弯机、激光切割机等，高效率、高质量地完成既定目标。

彩钢板全自动冲孔机 彩钢板墙板、顶盖折边机

彩钢板高效率自动化生产 安装完毕的彩钢板浴室

图13 彩钢板生产线实景图

仿石材类整体浴室产品线

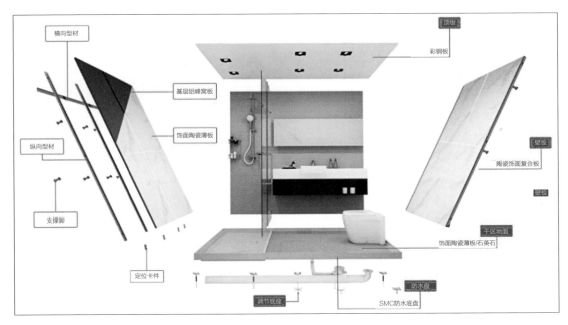

图14 仿石材类整体浴室爆炸图

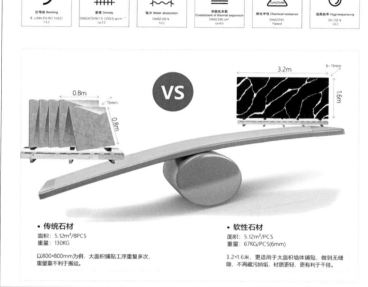

科硕软性石材

引进德国水槽大亨schock技术，可生产3170mm×1600mm，厚度只有6/8/11mm的大板，品质高，表面结构紧密不渗透，防水、防火、耐磨、耐腐蚀，是厨房墙面、地面、台面的良心之选。

- 幅宽质轻，纹理完整，干挂安装方便，减少小块安装工序，提高施工效率
- 采用高温热弯技术呈现曲面形状，可保留原有板材强度，增加石英石板的应用
- 绿色低碳、具备食品安全等级，可直接接触食物表面，是一种可重复利用的复合材料
- 施工便捷，应用广，省工省力，省总造价

图15　科硕软性石材介绍

智能机械手

科逸车间机械手的应用在行业内属于先行者的地位。智能机械手可以通过编程来完成各种预期的作业，代替人的繁重劳动，实现生产的机械化和自动化，确保人身安全。机械臂定位精准，动作灵活，能够抓取靠近机座的工件，并能绕过机体和工作机械之间的障碍物进行工作，安全性能也较高，而且机械臂可以重复地做同一动作。

总体来说，机械臂结构轻、自重比高、能耗较低，且拥有较大的操作空间和很高的效率，其响应快速而准确，是工厂车间应用当中符合现代化、自动化、环保要求的高科技设备。之后科逸的模压机也都会采用机械臂来减省人工、提高效率、降低成本、提高产品品质、提高安全性能，为广大客户更好地服务！

家具部品产线及设备

家具部品生产线，采用豪迈等设备用于全自动下料、半自动封边、全自动打孔，生产浴室柜、镜柜、厨房柜体等家具。

图16　机械手臂工厂实拍图

科逸家具生产线1

科逸家具生产线2

科逸家具生产线3

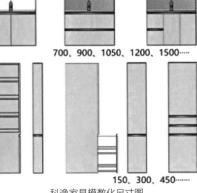

700、900、1050、1200、1500……

150、300、450……

科逸家具模数化尺寸图

图17　科逸家具生产线实景图

2. 核心产品生产工艺

（1）SMC片料生产过程

SMC生产设备分二部分：一是配制树脂糊设备，一般使用立式高速分散机；二是SMC复合机，工艺流程如下图所示：

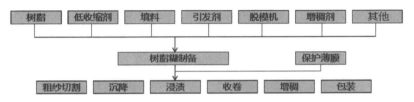

图18　SMC生产工艺流程图

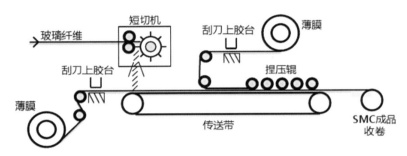

图19　SMC成型工艺流程图

（2）SMC模压生产过程

SMC模压成型工艺的主要特点：一是生产效率高，便于实现专业化和自动化生产；二是产品尺寸精度高，重复性好；三是表面光洁，无需第二次修饰；四是能一次成型结构复杂的制品；五是可进行批量生产。

图20　SMC模压生产过程

（3）主要设备

设备方案选择是在技术方案研究确定的基础上，对所需要主要设备的规格、型号、数量、来源、价格等机型进行研究、比选。

比选内容包括各设备对建设规模的满足程度、对产品质量和生产工艺要求的保证程度、设备使用寿命、物料消耗指标、操作要求、备品备件保证程度、安装试车技术服务等，从多维度进行综合考量。

设备选择

3000吨油压机：高于行业普遍标准，其出品的SMC板密度大，强度高。

AMADA机械设备：引进国外生产设备数控冲床、折弯机、激光切割机等，高质高效地完成既定目标。

智慧机器人：实现机械化操作，在提高效率的同时，减少人为误差。

（4）核心研发成果

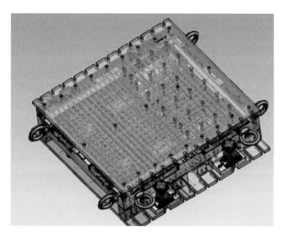

图21 科逸研发成果——组合模具（专利号：200910102302.9）

以往在卫浴、汽车、电子等行业，绝大部分的制品都要依靠模压过程来实现，模具结构的设计及相关成型工艺是工业生产的重要技术，模具结构设计是否合理，将直接影响到成型制品的表面外观、产品性能指标。

传统的模塑料模压成型模具普遍是一种型号产品采用整套模具，不仅投资成本高，加工周期长，而且一旦该型号产品淘汰后，整套模具也相应会被淘汰。科逸为克服现有传统技术的缺陷，分析总结了集成卫浴模数系列，开发了高精密组合化万能模具，提供一种结构设计更合理、可快捷整体替换型芯、型腔的组合模具，提高了模具的周转率、利用率和设计制造效率，使得投资成本下降20%以上，生产效率提升30%，发货周期缩短20%，适合小批量的项目应用，并且模具开发周期缩短50%以上。

相比现有技术，科逸组合模具无固定基础模，型芯、型腔均为整体部件，如要实现其他规格，只需要更换整体型芯、型腔即可，并且能有效解决现有技术中固定基础模和镶块之间表面拼接缝的问题。

科逸在行业内先行采用拼块组合模具技术，在不更换模具架的前提下，可实现N种规格的产品模压，独创的万能组合地板模具技术和组合模架技术，降低了模具投资，突破了单一模架对应单一模具的行业技术瓶颈。

传统的防水盘只能从防水盘的背面进行调节，由于防水盘的底面空间局促狭小，调节非常不便。此外，大规格整体式防水盘重量相对较重，在排布摆放时困难较大；而且由于施工的原因，墙体上下

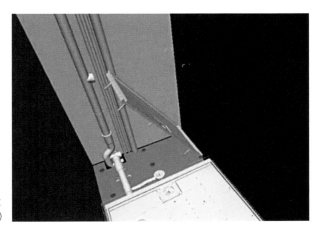

图22　可调节组合贴砖防水盘
（专利号：201610340379.X）

垂直度和前后左右的宽度及长度往往不相等，造成施工尺寸与设计图纸不符，在实际安装时常常遇到防水盘无法顺利安装的难题。科逸为满足现代人对卫浴空间的更高要求，发明了一种可调节组合贴砖防水盘，既可以调节水平度，又能贴瓷砖，且适合大规格尺寸卫生间使用，解决了传统的防水盘在调节水平度和表面美观度方面面临的困难，给浴室让渡出更多空间，让浴室符合现代审美。

①通过设计水平高度调节机构，实现从防水盘的正面对防水盘进行水平调节和使用高度调节，操作非常方便，解决了传统整体浴室的防水盘在调节水平和摆放时重量重、尺寸大难调节等难题。

②防水盘采用分开拼接的方式，满足大规格尺寸卫生间的使用要求，解决重量重、排布操作困难等问题。

③通过表面粘贴瓷砖，迎合了现代绝大多数人目前的生活习惯和审美观，提高了耐磨和耐污性能，扩大了使用场合，大大提高了经济效益和社会效益；制造成本低，安装便捷，堪称具有新颖性、创造性、实用性的好技术、新设计。

④防水盘的横向侧边处和纵向侧边处设有多道可用于切割的凹槽，现场施工时可根据实际尺寸对防水盘尺寸进行调整，进行切割加工，对现场的施工标准降低了要求。

⑤防水盘的整体形状设计有三种——方形和左右缺角，可满足不同的空间施工要求。

历年研发成果

2009年，住宅产业化进程取得显著成就，科逸被列为国家康居示范工程选用部品与产品的企业，与住宅产业化的发展紧密结合在一起。同年，科逸为攻克单一模架对应单一模具的行业技术瓶颈，首创万能模具，解决了非标产品综合成本居高不下的难题。为满足中国人对浴室美观度的要求，科逸还研发制造出彩色壁板，让整体浴室装修实现了个性化选择。

整体浴室一体化防水底盘，科学翻边锁水设计，不渗漏，改善传统卫浴跑、冒、滴、漏的弊病。

2011年，科逸从模具的结构、肌理、电镀、温度方面进行研究，突破产品技术瓶颈，让产品耐污恢复率达到90%以上，填补了国内模具技术空白，并且在同年建成投产专用于住宅部品SMC原材料生产线，改良了原材料的特性，将底盘的耐磨度大大提高，适应了中国人穿鞋进入浴室的习惯，提升了装配式内装住宅部品的品质。

图23　科逸SMC整体浴室一体化防水
底盘构造剖面图

图24　不同墙板的花色展示

图25　科逸SMC整体浴室防水底盘肌理

图26　科逸SMC整体浴室防水底盘防
滑效果图

　　为迎合市场对整体浴室的需求，科逸开发出针对精装地产行业使用的居逸系列，进一步提高产品精度，获得以万科、万达为代表的精装地产行业的认可。

　　2012年，科逸在业内首创耐磨防水盘技术，替代了瓷砖饰面，并保留了其保温隔热、温润舒适的触感。在这一年，科逸优先被评为"国家住宅产业化基地"，在行业内起到了关键性的示范作用。

2015年，科逸研发了超薄地漏等一系列专利技术，优化了装配式内装工艺结构，解决了同层排水下沉式空间高的弊病，并在同年研发出预制楼梯，进一步推动装配式内装部品化的发展进程。

2016年，国务院发布了《关于大力发展装配式建筑的指导意见》，科逸为满足现代人对卫浴空间的更高要求，发明了可调节组合贴砖防水盘，解决了传统防水盘在调节水平度和表面美观度面临的问题，给浴室让渡出更多空间，让整体浴室更符合现代审美。

2018年，科逸推出佐伊+装配式系统，提供了一套涵盖装配式内装墙地顶、浴室、厨房、门窗、收纳、智慧家居等完善的装配式内装整体解决方案，形成了完整的服务流程，全面进入装配式全装领域。

2019年，科逸自主研发的陶瓷薄板复合自动生产线投产，提高了无人化生产效率，拓宽了瓷砖类产品的应用领域，提高了装配式内装档次，为装配式部品注入了新的市场活力！

2020年，科逸从整体橱柜出发，结合适应性、实用性、工艺性、人性化等原则创新研发一体模压式SMC"冰箱式"柜体。不同于其他柜体，科逸通过一次模压成型工艺，将SMC制成整体橱柜柜体，从根源上解决了传统橱柜板防水性能不佳、吸潮后容易变形膨胀等问题,且具有防潮、防蚁、易清洁、无甲醛、即装即用、经久耐用等优点。同时，科逸SMC"冰箱式"柜体易嫁接替换传统柜体，厨房改造应用无忧。

图27　科逸模压橱柜内胆实拍

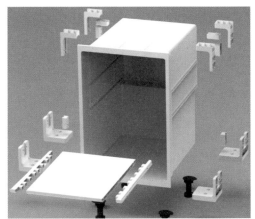
图28　科逸SMC模压柜内胆爆炸图

（5）关键设备及系统需求

当前我国大多数装配式建筑内装部品生产单位的部品标准化、模块化、系列化程度不高，设备自动化、智能化程度低下，信息化管理欠缺。基于上述前提，科逸在匹配厂房建设、设备采用上要求高起点、高水平，采用先进的生产工艺，配备先进适用的智能化工艺装备，建立合适的生产环境和信息化管理制度，全面打造智慧化工厂。

通过引进先进的设备和智能化设备，强化企业自身的产品开发技术平台，扩大产品的生产能力，进一步提高产品质量，使项目产品向技术含量更高、效益更好的方向发展。

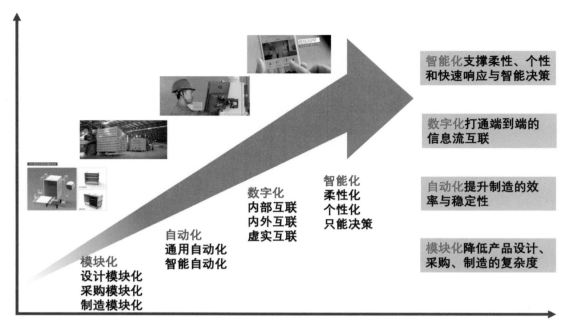

图29 智慧化工厂

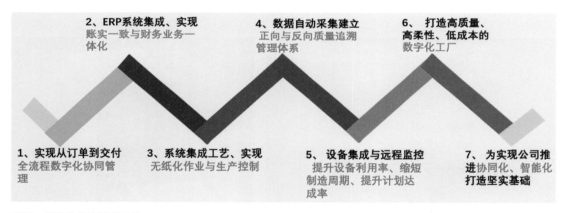

图30 智能化信息管理系统

　　根据智能化信息管理系统，将装配式建筑内装部品根据产品类型等，采用"云"技术分析，结合企业ERP/MES等信息化管理平台，将部品进行分类，形成系列产品的标准化、模块化、系列化，并实现产品的技术信息与自动化各模块间的无缝衔接。

　　装配式建筑内装部品在研发前期就考虑一体化设计，全部采用的是干法施工工艺，施工速度快、周期短、效率高、质量稳定，对建筑物的破坏性小，不产生沙石、噪音、粉尘等建筑垃圾，对周围环境干扰小，物业管理更方便。

（6）信息化

　　App和ERP管理系统贯穿整个生产流程，品质可追溯到每个环节，严格把关原材料的质量审核，全过程工业化、规范化、自动化生产。

3. 案例

"双神"医院

新冠疫情暴发后，科逸迅速反应，主动与"火神山""雷神山"医院对接需求，迎合了医疗适老卫浴系统防滑、防摔、抗菌等综合性需求，研发出使用方便、安全性能高且性价比优良的整体卫浴系统，并且安排工厂在春节期间复工生产，为各地临建的"小汤山"医院建设做好配套准备。截至目前，科逸已向全国60多家医院提供超5000套整体浴室。

科逸研发的医疗适老整体浴室满足了卫浴设施常态化防疫需求，增强了卫浴空间的安全性、舒适性、便利性，提升了生活质量。

火神山   雷神山

图31　火神山医院和雷神山医院鸟瞰图

北京青棠湾

青棠湾是北京首个绿色建筑三星标准的公租房项目，于2017年年底竣工，为创业者提供3790套公租房，解除其居住的后顾之忧。科逸以集成服务商的身份，供应了全套整体浴室和集成厨房，采用装配式技术，开启科逸工业化内装的新纪元。

图32　北京青棠湾项目

绿地南翔威廉公馆

中国"百年住宅"示范项目，采用SI分离设计理念，户型随需而变，展示个性化创意改造和空间科学创新。科逸作为绿地集团的战略合作伙伴，本次以集成服务商身份供应整体浴室，工业化内装工艺、快捷干法施工，空间布局合理并达到干湿分离的效果。

未来，科逸将一如既往坚持创新智造，打通装配式内装应用场景与技术工法的壁垒，用绿色环保的部品和工法技术，用更多贴近市场、引领潮流的发明创造，为建筑领域带去新活力，也让装配式内装成为绿色未来发展的高地。

图33　绿地南翔威廉公馆

团队合影

团队小档案

单　　　　　　　位：苏州科逸住宅设备股份有限公司
装 配 式 内 装 系 统：芜湖科逸住宅设备有限公司—装配式全装事业部
装配式全装事业部地址：南京市雨花台区软件谷科创城A1南702室
科逸（芜湖）工厂地址：安徽省芜湖市新芜开发区东湾路5288号
业 　务 　范 　畴：装配式建筑内装体系设计、工艺工法研究、产品开发、生产施工技术服务
科逸装配式产品类别：整体浴室、集成厨房、浇筑部品、装配式墙顶地材料
核 　心 　团 　队：刘素华　洪益真　张　雄　韩　梅　陶保东
科逸工厂核心团队：陈忠义　胡福涛　胡　亮　陈高峰　陈兆忠　刘素华
整　　　　　　　理：刘素华　洪益真　胡　亮　韩　梅

曹祎杰

北京维石住工科技有限公司创始人，中国建筑学会适老性建筑学术委员会委员。作为国内首批装配式内装领域的从业者，十余年专注前沿性工业化内装及其部品体系的研究与应用工作，参与编写了2010年发布的国内首部工业化内装技术标准——《CSI住宅建设技术导则》。参编《装配式住宅建筑设计标准》《装配式整体卫生间应用技术标准》等8部工业化内装相关行业标准，作为共同作者出版《保障性住房绿色低碳技术应用和节能减排效益分析》《保障性住房卫生间标准化设计和部品体系集成》等5部"十二五国家重点图书"，在《建筑学报》等多种学术期刊上发表相关专业论述，在多个获得中国"土木工程詹天佑奖"的项目中，主持整体卫浴板块的设计与建设工作。

2017年创立维石住工后，领导团队取得行业重大技术创新，实现工业化内装部品体系ToC定制零的突破。参加"十三五"国家重点研发计划项目——"既有居住建筑宜居改造及功能提升关键技术"课题研究，推动行业基础科研进步，带领公司发展领先的装配式内装及其数字化技术体系，致力于用科技改变中国住宅装修方式。

管理理念

从0到1，创新永不止步。

创新是维石事业的基石，我们用"与社会保持一定的距离，不满足于现状，始终抱有梦想"的理念保持成长。我们不断废旧立新，持续引领工业化内装风潮。我们认为，行业要向前发展，不能全凭经验来创造未来，对于我们来说，创新就是为那些不可能的事情创造解决方案，并为此制定新的标准。

访谈现场

访谈

Q 从企业高管到独立创业，当初支撑您选择勇闯难关的动力是什么？

A 我创立"维石"最核心的动力就是想要做好产品！市场远不止眼前看到的这些。过去，整体卫浴的主要市场是经济型酒店，这部分市场容量对于整体卫浴在中国的推广显然是远远不够的。因为我在之前公司时主要负责与日本企业的合作，对日本的建筑、住宅相对了解，看到了更先进的产品是什么样。日本的整体卫浴市场每年销售约150万套，其中70万套是为新建配套，而80万套是既有住宅改造。反观国内市场，有些公司仍大力推广廉价、过时的SMC整体卫浴产品，很难满足广大商品房市场和家装用户的需要。为什么不让更好的产品进入中国市场？我觉得，这是时代赋予我们创业的一次得天独厚的机会。我们没必要在低端应用领域硬拼产能、拼价格，应该与现有的厂家形成差异化竞争，为更广阔的市场提供更优质的产品。

Q 究竟是什么样的产品给了您挑战既有认知的底气？

A "他们的产品看起来就很贵"，这是一个同行看过我们的产品后给出的评价。产品市场化的第一步就是要在视觉和质感上打动消费者，如果看上去就很廉价，是不会有用户愿意把它用在自己家里的。

目前市场上的整体卫浴产品以SMC为主要面材，只有少数企业开始使用彩钢板和瓷砖，材质单一和廉价感是普遍存在的问题。我们创业伊始就摒弃了过去的原材料观念，转而从用户视角来定义产品。"维石"是目前市场上几乎唯一能够同时提供SMC、彩钢板、石材、瓷砖不同主材的整体卫浴企业。只有提供足够多的选择，才能服务足够广的人群。

同时，我们也将更多现场施工环节转变为工厂化制造，真正做到了现场只装配，无须二次加工，降低人工作业比重，提升安装效率。以传统方法装修卫生间，用户须忍受至少半个月以上的工期，而使用我们的产品，包含配件和卫浴部件安装在内，整个安装过程最快只需8小时。

时间成本也是用户的权衡因素，这方面的需求还是非常值得挖掘的。

Q **除了为用户提供省时、更丰富的选择，存量市场当中您应该还做了其他准备吧？**

A 我认为产品面材只是外观，隐蔽工程才是核心。"维石"整体卫浴产品的大不同之处在于实现了高度的定制化。我认为检验装配式水平的最好方法，就是看能不能做toC。我们国内目前的装配式内装企业，很少去做商品房，更少去做toC。其根本原因在于我们国内的建筑是非标准化的，而之前的整体卫浴却是工业化的标准产品。例如整体卫浴防水底盘的模压生产只能支持固定型号，这就和中国商品住宅千变万化的格局存在矛盾。之前整体卫浴工厂的生产工艺做不

装配式卫浴

到一户一定制，通常能力是批量生产几种型号。这就意味着个人业主要选用整体卫浴产品，就必须舍弃一定的室内使用空间，包括地面需要抬高20cm以上的问题，这显然是大部分个人家庭无法接受的。从我们的角度看，目前装配式产品企业的行为导向更多是基于政策，而不是基于市场。长期来看，这种模式是很难持续的。所以，我认为最终消费者愿意买单的零售市场，才是检验装配式企业是否有价值的真正试金石。

为尽快打开C端市场，我们通过前瞻性研发，破除思维定式，过程虽然很痛苦，但最终我们还是很幸运地解决了困扰整体卫浴行业多年的定制化难题。我们变"雕版印刷"为"活字印刷"，实现了ToB项目每100mm为模数的定制化生产，ToC个人定制的模数可缩减至50mm甚至更小，同时也开发出了100mm超薄同层排水底盘。从而减轻空间浪费和地面抬高带给消费者的抵触心理。消费者可以按照自己的需求，像挑选活动家具一样挑选整体卫浴，并且在既有卫生间改造方面，可以打破之前排污管道对卫浴器具空间位置的限制，有机会对原有布局不合理的卫浴空间进行"格式化"，重新"编辑"符合用户个性需求的整体卫浴。当然，我们也会用ToC的标准去做ToB产品，从而让所有客户都能得到更高的品质和更好的体验，推动行业持续良性发展。

Q   未来整体卫浴行业很热以后，可能又会存在杀价拼市场。您对此是怎么考虑的？

A   产品的"价格"和"质量"始终是消费者最关心的问题。近几年，整体卫浴行业产品的总体成本在快速下降，部分类型的产品目前已经达到与传统方式相持平的水准。相信未来随着我们生产规模的扩张，产品成本还将有进一步压缩的空间。降低产品成本固然重要，但同时也绝不能忽视产品的品质和功能。消费者对于产品质量、功能的需求是与日俱增的。比如这次疫情过后，医院的需求爆发，个人家庭也对卫生间产品的抗菌、易清洁性明显更加重视。相对传统装修，装配式整体卫浴的优势就凸显出来。整体卫浴行业需要技术体系和产品体系的不断优化与迭代，这样才能在未来的市场竞争中真正立于不败之地。

Q   针对这个问题，您有什么具体的解决办法吗？

A   我们在推进时间上的底线是5年，为实现"持续降低成本+升级产品"的目标，我们还需要打造一个数字化平台，通过这个平台也能赋能其他厂家。数字化是降低成本、提升效率的必要方法。传统装修模式下，设计、制造和生产、交付的每个环节间，相关方的每次移交几乎都需要重建各自的数据版本。而人与软件工具之间的交接通常会带来数据和生产力的重大损失。而我们的数据驱动模式将彻底消除这种损失，在产品设计环节借助数字化系统完成精准的拆解与算量，通过数字管理打通需求端与生产端，使定制模型高度复用，同时不断积累新的整体解决方案。我们的数字化系统能够使所有信息更加公开透明，让客户更加迅速、直接地了解整体卫浴的价格、施工周期、实现效果等信息，增强消费者的理解和信任。

Q 听起来非常期待。您认为目前这个行业的工厂智能化打造处于什么水平？

A 行业内已经有工厂上了很多机器人、机械臂，实际使用效果我们多少也有耳闻。我认为目前这个阶段，自动化设备上了多少不是重点，能不能真正用起来才是核心。只有底层数据真正的流转起来，从设计端可以直接无损地到达生产端，工厂的自动化设备才能有效运转。我们的最终目的是，必须要确保产品品质和控制成本，通过高效的数字化手段，大幅降低ToC定制化产品的增量成本，持续满足用户需求。打通数字化平台，可以开始积累基础数据，这是实现目标最关键的一步。

Q 刚才您提到这个行业需要技术和产品体系的不断优化与迭代，那么您对新材料是怎么看的？

A 我觉得新材料肯定会层出不穷，但它的迭代特征是老产品与新产品长期共存。我们对新材料是开放的，但也会保持审慎，可靠性和成本需要综合考虑。我们认为需要不同的材料应对不同的场景，如果用一种材料应对所有空间，那是在卖材料，而不是在卖产品。"维石"会始终坚持以产品为核心，为追求更极致的用户体验，一定会在材料方面提供更多个性化的选择。

Q 近些年国内装配式大热，站在这个风口上，您对未来有着怎样的规划或期待。

A 我认为撑起一个品牌、一个行业成功的不是风口，而是能力。如果要说风口，"维石"其实是站在两个风口之上，一个是装配式，一个是数字化。在未来竞争中，数字化能力是我们与竞争对手拉开距离的核心能力。传统企业都是简单路径依赖，企业发展一般呈线性增长；工业互联网时代，数字化解决方案能够为企业带来指数级的增长。作为全屋空间功能最集中、最复杂的一环，整体卫浴是沉淀方法论的一个极佳场所，当定制模块的复用度足够高，数字化管控的能力足够强，由点到面的扩张便指日可待。行业正在形成新的门槛，跨过去就是生存，跨不过去就是死亡，我们只能选择成功。只要我们认真做好每一件事，每一天都可以是风口。

图1 秦皇岛维石工厂鸟瞰图

1. 工厂及工艺流程

秦皇岛维石工厂坐落于河北省秦皇岛市卢龙经济开发区,一期厂房占地面积9010m²,设有彩钢壁板整体卫浴生产线,以及瓷砖壁板整体卫浴/整体厨房生产线各一条,规划年产7.5万套中高端整体卫浴和整体厨房,可为全国工程、京津冀地区零售项目提供产品与服务。

(1)维石柔性制造生产线配置技术

维石工厂采用更多的数控设备,以柔性制造的方式生产装配式整体厨卫的主体(墙、顶、地)。我们以"标准化接口、参数化设计"作为基础方法,制定模数规则、确定主要原材料的规格尺寸,用数字技术打通设计—工艺—设备—原材料等重要环节。在不降低生产效率的基础上,根据建筑的卫生间外形和尺寸,为用户提供定制设计、柔性制造的装配式整体卫浴和整体厨房等住宅部品。

图2 维石车间

图3 车间全景

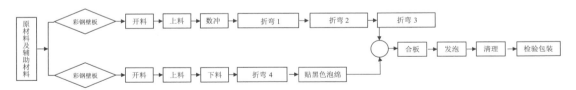

图4 生产流程示意图

（2）维石产品快装技术

维石装配式整体厨卫因其工厂制造、现场组装的特点，减少了大量现场施工环节，现场安装最快只需4小时。维石整体厨卫的安装现场更接近于精密产品组装的过程，以确定的顺序将零件装配在一起，组装过程中不需要进行二次加工和复杂的测量定位，降低人工对品质的干预，使得效率和品质大幅提高，节约人工成本，减少建筑垃圾。

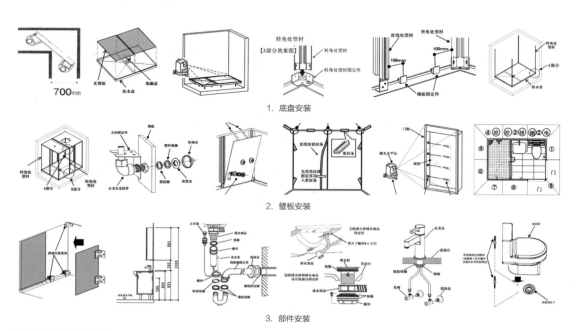

图5　安装工艺流程

（3）端到端的新商业模式

相比过去传统方式的厨房和卫生间装修——需要不同阶段的多家设计单位多次对接，十几家以上供应商协商采购，到施工阶段各类材料分批调达入场，7种以上不同工种的工人轮番入场施工，单套卫生间和厨房施工的工作量至少长达7天以上，还要面临售后难题。而维石装配式整体厨卫的模式，是由一家厂商提供完整的设计、制造、安装和售后全流程服务。在工厂完成彩钢板、瓷砖、天然石材、SMC等不同体系装配式部品的生产，根据工厂制造+现场制造的理念，也同样用制造的方法管理安装现场，完成最终产品的交付。用户不同阶段对产品和服务的需求信息在一家企业内部充分融会贯通，省去非必要的中间环节，实现了从工厂端直达用户端的端到端模式。

图6　传统模式与维石模式

2. 维石的核心技术优势

（1）全材质：材质表现更丰富，有效提升产品外观质感

维石创造了装配式整体卫浴领域的"兼容机"，维石整体卫浴和整体厨房的墙、地面兼容覆膜钢板、瓷砖、岩板、天然石材、SMC、地胶等多种材料，不同材料之间还可以任意组合搭配。新产品解决了之前产品材料单一、表现力差，外观廉价感等痛点，符合大众主流审美需求。维石根据不同材质的特点，推出了面向住宅、公寓、酒店、别墅、适老和医护等领域多个系列的产品。

SMC | 覆膜钢板
瓷砖 | 天然石

Wall
墙体
/BU产品方案
采用复合式隔水
板材
款式多样，可搭
配不同风格的空
间规划。

SMC | 地胶
瓷砖 | 天然石

FLOOR
底盘
/BU产品方案
一体化防水盘，
复合瓷砖等面材
洁净如新，防霉
抑菌，极速干爽

图7 墙、地材质

（2）全定制：实现ToC定制零的突破，解决行业重大技术课题

维石创新研发的100mm超薄同层排水底盘，结合维石独有的组合模具和底盘拼接技术，可以按照50mm模数尺寸为家庭用户提供定制设计与生产服务。维石的超薄底盘分层技术、尺寸定制技术、三明治壁板技术、可视化快装技术等四项创新，用低增量成本实现了产品的可定制化，让整体卫浴真正走进千家万户成为可能。

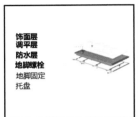
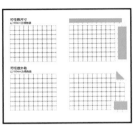
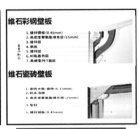
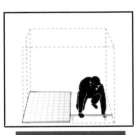

超薄底盘
· 防水盘模压加工成型
· 实现100mm超薄同层排水
· 可视化快速调平

尺寸可定制
· 底盘尺寸可定制
· 壁板尺寸可定制
· 可拼接组合

三明治壁板
· 基层加强结构，有效支撑
· 中间填充层，保温降噪
· 兼容多种面材

可视化快装
· 可视化安装，无操作盲区
· 底盘分层安装，速度提升2倍
· 管线分离，安装检修更便捷

图8 浴室的关键组成部件及装配技术

（3）领先的品质和技术能力：中国公司第一次实现ODM

维石拥有成熟可靠的自主知识产权主流技术解决方案。维石团队在日本技术体系基础上，进行再发展与创新，开发出适应国内市场需求的产品。并在2021年获得国际知名住宅内装部品制造商松下公司的ODM供应商认证和战略投资。

图9　浴室样板间

（4）数字整体卫浴：整体卫浴全流程数据管理

数字化是解决规模化生产与定制化需求之间矛盾的关键性技术。我们面临的最大挑战是在不降低效率的情况下满足客户的个性化要求。我们的解决方案是创建一个数字化整体卫浴设计系统，建立族库，包含各类花色、一定数量的组件体系。在整个系统中，可实现连续数据的共享与传递，进行设计深化协作和预建模拟，结合维石工厂的柔性制造技术，以及通过数字化交付系统生成的包括进度、成本、人工、材料、安装动画在内的执行方案及施工组织计划，形成维石端到端个性化产品定制解决方案。

图10　全流程数据管理

3. 维石生产技术水平以及主要设备

过去，国内整体卫浴行业防水底盘的生产方式高度依赖固定模具，这与中国住宅卫生间千差万别的规格尺寸存在根本性矛盾。每个型号只能批量生产才能摊薄制造成本，无法做到为每家每户定制生产，个人用户要使用整体卫浴就必须舍弃一定的使用空间。维石改变了之前的产品逻辑，开发出采用机械加工工艺制造生产的新一代整体卫浴和整体厨房产品，并通过一系列创新技术，从根源上解决了一直困扰行业的单套（包括小批量）产品定制难题。

（1）维石主要生产技术

超薄分层防水底盘技术

超薄分层底盘技术是维石住工的重要创新之一。分层底盘可以让防水盘调平和排水管对接安装都实现可视化，大大降低了行业之前产品安装方式带来的调平地脚不完全落地、横排管口难以对接等风险，有效提高防水盘安装质量，安装速度也大幅提升。在一般住宅项目中，2个工人安装一个防水盘，按照之前方式至少需要2小时以上，现在同样2个工人30分钟即可完成安装。并且分层底盘的表层材质和花色可以按照客户需求任意调整更换，增加了产品外观的多样性。

维石100mm同层排水超薄底盘，创新性地采用金属材质，不仅提高了产品精度，而且更加利于在工厂柔性生产定制加工。

三明治壁板技术

维石的三明治壁板技术，使壁板保温性能好，结构更加稳固，有效降低了之前产品壁板敲击时的空洞感。壁板任意位置单点受力可达30公斤以上，解决了之前产品交付后用户不能在壁板上自由增加挂件的问题。维石三明治壁板的饰面可自由选择彩钢板、瓷砖、岩板、天然石材、SMC等不同材料，对应用户的不同需求。

可视化快装技术

维石的可视化快装技术解决了之前产品存在一定安装盲区的情况，让隐蔽工程的安装空间更开放、过程完全可见。我们还特别开发了给排水快速连接组件，更简化了安装过程，使安装速度提升一倍，安装质量也更加稳定。维石的可视化技术，也体现在卫浴内部功能部件的设计选型上，例如固定在壁板上，与地面平行悬空的挂墙式坐便器设计方案，使坐便器的下方成为一个可视、没有死角、易于清理的空间，让卫生间从过去家中的"脏乱差空间"一跃成为"洁净舒适的极致空间"。

维石MFS柔性制造技术

为适应市场对于多品种、中小批量（包括单套产品）的定制需求，维石采用柔性制造的模式进行产品生产。

1）机器柔性，当要求生产一系列不同类型的产品时，维石的数控设备可随产品变化自动换刀，随时调整加工不同的部件。

2）工艺柔性，维石产品采用标准化接口、参数化尺寸的方案进行定制化设计，包括组合模具和底盘拼接等技术的应用，在不改变工艺流程的情况下，可实现定制化部件的高效生产。

3）生产柔性，面对小批量、多品种的订单，或订单波动，我们的制造系统可根据不同订单快速组织生产，持续保持经济运行的能力。

我们希望用户可以按照自己的需求，像挑选活动家具一样挑选我们的整体卫浴和整体厨房产品，并且可以打破之前排污管道对卫浴器具空间位置的限制，有机会对原来布局不合理的卫浴空间进行"格式化"，重新"编辑"符合自己需求的整体卫浴。

（2）维石主要生产设备

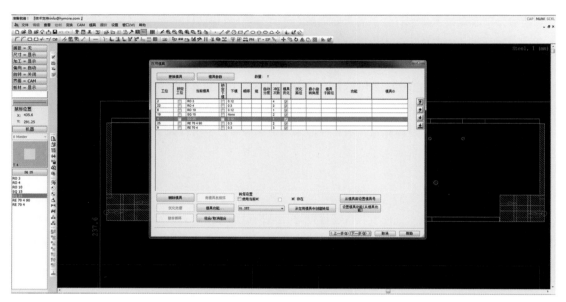

图11　生产控制编程系统

图12　自动上料机械臂

图13　数控转塔冲床（MFC）

图14　数控折弯生产线

4. 维石数字整体卫浴

用传统方式建造建筑，在产品设计、制造、交付乃至建筑生命周期的每个阶段，不同团队和软件工具之间的交接都会带来数据和生产力的重大损失，利益相关者的每次移交，都需要重建自己的数据版本。维石数据驱动模式将彻底消除这种损失，我们通过数字化技术建立对数据的捕捉能力，整个流程在一个团队内部的完全控制之下，数据资产也将持续沉淀在系统内。当流程不断优化时，生产、服务效率将获得极大提升，让我们可以围绕最终用户场景，建立全新的解决方案和产品服务体系。

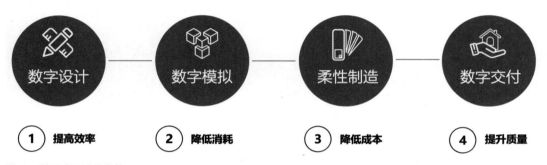

图15　装配式卫浴的优势

（1）端到端垂直整合

用户只需面对一家公司，维石用强大的数字化系统将所有要素连接在一起，为用户提供端到端的整体卫浴/整体厨房解决方案、产品与服务。

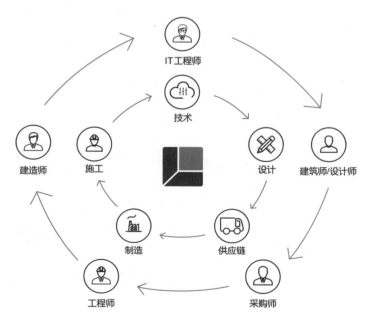

图16　服务流程示意图

（2）数据驱动模式

维石数字整体卫浴构建支持连续数据流的平台和若干应用模块，可在交接点保存数据，确保信息链保持无缝和完整。

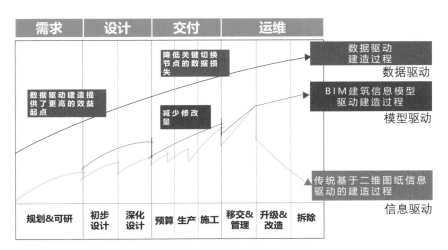

图17　数据驱动模式

5. 工程应用情况

维石先后承接交付了北京城建朝青知筑商品房、中交碧桂园近海商品房、沈阳农业大学留学生公寓、苏州外国语学校学生公寓、北京冬奥会训练馆无障碍整体卫生间、长春公主岭新冠疫情隔离点等重点工程项目，以及部分针对既有住宅卫生间改造的个人零售业务。

随着我国装配式建筑的快速发展，装配式整体卫浴/整体厨房作为装配式住宅中的核心部品，必将更为普及。

6. 维石工程代表项目

北京城建·朝青知筑"百年住宅"项目
——"我国整体卫浴攻关应用新里程"

项目名称：北京城建·朝青知筑——"百年住宅"项目

项目地点：北京市朝阳区定福家园北里

开发企业：北京城建房地产开发有限公司

施工企业：北京城建一建设发展有限公司

设计单位：北京市建筑设计研究院有限公司

土地用途：住宅

使用年限：70年

建筑面积：33666.66m^2

整体装配率：大于90%

竣工时间：2021年6月30日

朝青知筑项目，主要户型为110～140m^{2}三居，达到绿建三星、百年住宅标准，全部精装修交付。项目的主体结构、室内装修均采用装配式施工，单体建筑预制率将达到60%，整体装配率大于90%。

图18　北京城建·朝青知筑——"百年住宅"项目

朝青知筑项目在总结和借鉴国内外先进经验的基础上，尝试新理念产品研发，将装配式建造技术与SI住宅体系相结合，打造百年住宅。通过建造技术的升级及建设产业化，全面实现了项目的建筑长寿化、品质优良化和绿色低碳化。

通过本项目，装配式整体卫浴成功实现在高端商品房领域的应用落地，被赞誉为"我国整体卫浴攻关应用新里程"。

项目整体卫浴设计理念

- 柔光鱼肚白瓷砖壁板、瓷砖地面，空间更具高级感；
- HDPE同层排水，更静音、更可靠；
- 干湿分区，使用更舒适；
- 隐藏水箱挂墙式坐便器设计，清洁更方便；
- 壁板错台设计，空间利用率高。

项目技术应用

1）瓷砖面层防水盘/HDPE同层排水/防水盘分层技术 / 防水盘拼接技术

- 瓷砖面层防水盘，材质表现力更好，脚感更扎实；
- 装配式架空同层排水技术，首次搭配HDPE排水管，排水更静音；
- 底盘分层技术的应用，使得底盘调平过程完全可视化，避免因为底盘调不平、地脚悬空状态导致的产品水平不稳定及空洞感；
- 金属材料调平支架的结构更牢固，对上层防水盘的支撑由之前的点状受力，改为现在的线状承载，受力更均匀，降低踩踏空洞感；
- 干湿区防水盘分别为独立模块，采用维石底盘拼接技术拼组为新的型号，提升生产效率，并降低成本。

2）瓷砖面层三明治壁板

- 瓷砖面层三明治壁板的结构更密实，有效降低墙体空洞感；
- 保温效果更好；
- 维石独有的壁板瓷砖反打+悬浮结构工艺，实现壁板公差控制在±0.2mm以内的行业高标准，墙面更平、缝隙更匀、壁厚更准。

3）管线分离技术

- 降低点位定位难度，提升现场施工效率；
- 管线分离不会对建筑结构造成损坏，避免在建筑墙体内预埋管线或在墙面开槽，提高建筑主体结构的安全性和耐久性，保障建筑主体结构可达100年以上寿命；
- 更便于维护和维修，将来维护更新管线时，不仅不会破坏建筑结构墙体，甚至也不会破坏整体卫浴的壁板。

项目产品设计方案

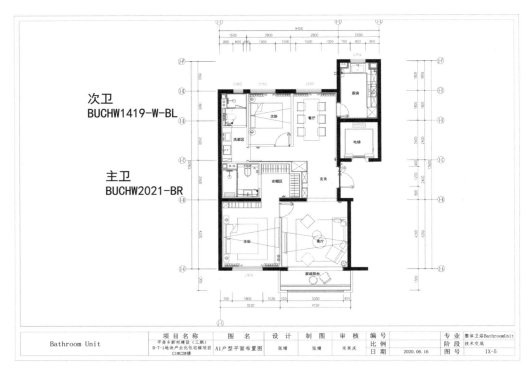

图19 项目户型图

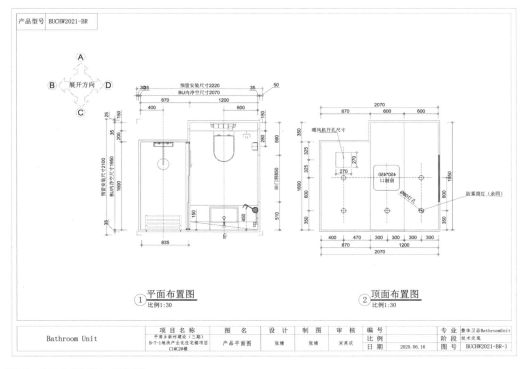

图20 主卫生间平面、顶面图

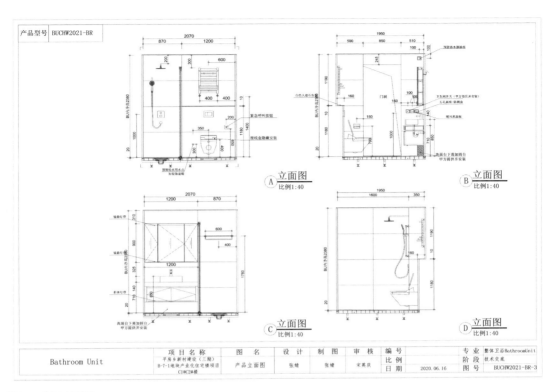

图21 主卫立面图

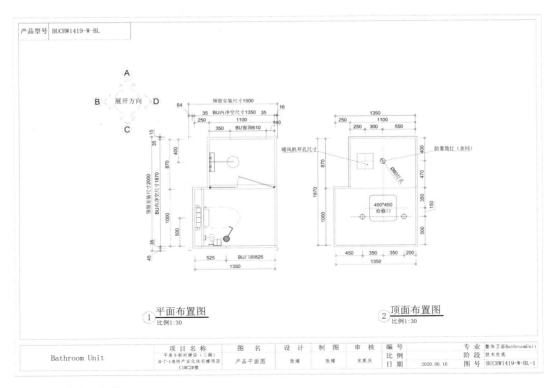

图22 次卫平面、顶面图

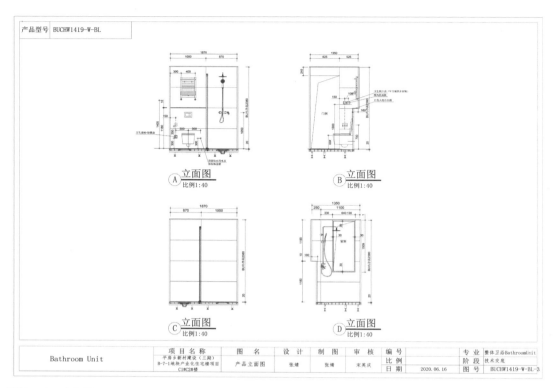

图23　次卫立面图

项目安装过程

图24　调平支架安装定位

图25　排水管系安装

图26　防水盘安装

图27　壁板安装

图28　装配式整体卫浴主卫项目完成交付实拍

图29　装配式整体卫浴　次卫

装配式整体卫浴分项核心团队

团队小档案

总 负 责 人：曹祎杰

设 计 研 发 团 队：宋英庆　吉田雅德　张 婧

售后安装指导团队：郑合阵　李亚男　　郭军明

销 售 团 队：陈 玥　苟晓迪

中建科工

中建科工集团有限公司（原中建钢构有限公司）是中国著名的钢结构产业集团、国家高新技术企业、国家知识产权示范企业，隶属于世界500强中国建筑股份有限公司。

中建科工紧紧围绕可持续高质量发展目标，构建科技与工业核心"双引擎"，探索"产品+服务"的创新发展路径，不断延伸业务领域，向建筑工业化、智能化、绿色化迈进，致力于打造"创新型、资本型、全球型"企业。

装配式·住宅系列

装配式·学校系列

装配式·医院系列

装配式·产业园系列

中天恒筑钢构

浙江中天恒筑钢构有限公司（简称"中天恒筑钢构"）是中天建设集团的全资子公司，中天建设集团是一家以土木建筑、地产置业、移动传媒、投资与教育为主要经营业务的全国大型企业集团。是一家集施工总承包、钢结构设计、制造、安装、专业技术服务为一体的大型企业，是国家高新技术企业。

装配式 · 住宅系列

找道系列

高层系列

桥梁系列

Let the Building grow with The green

让建筑与绿色一起成长

作为国家首批装配式建筑产业基地，
精工绿筑创新打造"钢结构+混凝土"组合的
装配式产品与技术，
以"全系统、全集成、全装配"的方式，
赋予建筑新的生命维度，
通过集成建筑技术创新和信息化管理创新，
在实现"快速建造"的同时，全面提升建筑价值！
为行业提供全新的发展思路和模式！

绿色集成建筑全生命周期
整体解决方案的工程服务商

在建筑业转型升级的背景下，
发展绿色集成建筑成为精工钢构的责任与使命，
精工绿筑积极践行从"建筑钢结构"到"钢结构建筑"的升级战略，
围绕"绿色建筑、建筑信息化、EPC工程总承包"三大行业发展趋势，
以"集成建筑"技术创新和"信息化"管理创新为驱动，
为客户提供装配式集成建筑全生命周期工程集成服务，
推动绿色建筑变革发展，为行业开启新的空间！

上海市梅陇209地块配套初中

绍兴市妇幼保健院(绍兴市儿童医院)

温州肯恩大学学生公寓

浙江大学蔡金准乾科研楼

绍兴锦湖官渡3号

杭州亚运会棒(垒)球体育文化中心

地址：浙江省绍兴市柯桥经济开发区精工装配式建筑产业园
　　　上海市闵行区黎安路999号大虹桥国际26F
电话：0575-8997 2688　021-6728 1188
传真：0575-8559 0151　021-6296 7399

俄罗斯联邦大厦

509m

中建一局集团建设发展有限公司
CHINA CONSTRUCTION FIRST GROUP CONSTRUCTION & DEVELOPMENT CO.,LTD.

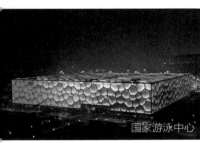

国家游泳中心 　　望京SOHO　　西安三星装配式电子厂房

中建一局集团建设发展有限公司（一局发展），成立于1953年。

一局发展深度推进国内、国外两大市场布局，以房建业务为核心主业，全面实施基础设施、投资建造、EPC业务和环境治理业务为代表的新业务，为实现"工程总承包第一品牌、高质量发展行业典范"的企业目标拼搏奋斗。

北京CBD建筑群　　　　　　　　　　　　描绘首都天际线

ABOUT
GOLDEN POWER

金强（福建）建材科技股份有限公司成立于2010年，位于海西国家级福州新区、海上丝绸之路核心区福建省福州市长乐区。

公司自主研发了绿色新板材系统、PC模块房屋体系、房屋全装体系。业务及产品涵盖：装配式PC模块房屋、PC桥梁、PC市政管廊、PC水利构件、房屋全装等多个领域。公司产品被广泛应用于全国各地医院、学校、大型场馆、机场、隧道、地铁等项目中。

作为一家不断创新的智能制造型企业，在注重自身发展的同时，更积极投入在产品技术的创新研发上，设立金强装配技术学院，以技术获取为起点，形成更完善的产业技术体系。公司始终坚持党建引领企业成长，以绿色发展为理念，技术进步为支持，致力成为全国最专业的绿色新板材系统制造商。

金强（福建）建材科技股份有限公司
Golden Power (Fujian) Building Material Science Technology Co., Ltd

ADD / 福建省长乐区潭头镇金强装配建筑产业园
TEL / 400-0137-999　　WEB / www.jinqiangjc.com

Green building industry service provider

绿色建筑产业服务商

绿色建材 · 装配施工 · 产业应用 · 绿色供应链

金强房屋公园
装配式智能产业综合体

金强控股集团有限公司
Golden Power Holdings Group Co.,Ltd

ADD / 福州市鼓楼区东大路53号闽台艺文园区3号楼
TEL / 400-0137 999   WEB / www.jq-kg.com

装配式建筑部品制造整体解决方案供应商
北京燕通

企业简介

北京燕通于2013年8月由北京市政路桥集团和北京市保障性住房建设投资中心两大国有企业，为加速推进北京市保障性住宅建设、践行住宅产业化理念合资组建。2017年4月，北京市住宅产业化集团股份有限公司收购其全部股权。

北京燕通立足市场，着眼未来，在建立北京市第一条装配式建筑构件自动化生产线的基础上，持续扩大产能。

本着"质优、价实、服务好"的品牌理念，北京燕通持续加强科技创新力度，不断提升生产与服务水平，力争成为国际一流装配式建筑部品制造整体解决方案供应商。

图书在版编目（CIP）数据

装配式建筑制造 = Prefabricated Building
Manufacture / 顾勇新，徐镭编著. —北京：中国建筑
工业出版社，2021.11
（装配式建筑丛书 / 顾勇新主编）
ISBN 978-7-112-26870-2

Ⅰ. ①装… Ⅱ. ①顾… ②徐… Ⅲ. ①装配式构件－
建筑工程 Ⅳ. ①TU3

中国版本图书馆CIP数据核字（2021）第256988号

责任编辑：李 东 徐昌强 陈夕涛
责任校对：李美娜

装配式建筑丛书

丛书　主 编 顾勇新
　　　副主编 胡映东
　　　　　　 张静晓

装配式建筑制造
Prefabricated Building Manufacture
顾勇新 徐镭 编著

*

中国建筑工业出版社出版、发行（北京海淀三里河路9号）
各地新华书店、建筑书店经销
北京锋尚制版有限公司制版
临西县阅读时光印刷有限公司印刷

*

开本：787毫米×1092毫米 1/16 印张：16¼ 字数：401千字
2022年1月第一版 2022年1月第一次印刷
定价：98.00元
ISBN 978-7-112-26870-2
（38641）